U0085688

書山有路勤為徑
學海無崖苦作舟

書山有路勤為徑
學海無崖苦作舟

馬雲與阿里巴巴之崛起

阿里巴巴1999年創立，
2014成為「全世界最偉大的市集」
市值估計為2000～2500億美元

這是一本創業聖經，揭秘亞洲最具權力商人

1991年第一次創業，2014年紐約上市
20餘年的創業奮鬥心路歷程
超越香港富豪李嘉誠，
成為新亞洲首富

秦商書 著

代序：特立獨行的草根創業者——馬雲

在中國商業史上，馬雲絕對是一個異類。人們曾經稱他為騙子、瘋子、狂人。他一沒資金，二沒背景，三沒技術，卻用一個創意，加上他一流的執行力、感染力、說服力，還有一流的運氣，讓他取得了石破天驚般的成功。

最初，當馬雲這個名字漸漸被國人所熟知的時候，他以及阿里巴巴並未引起我的特別關注。改觀發生在馬雲當了《贏在中國》創業論壇的評委之後。他的聲線並不特別迷人，但他的點評一如他在不同場合的演講那般，富有一種低調的激情，還帶著一絲幽默，睿智的語句不時閃現其間，讓人聽了，嘴角忍不住要上揚。等深入地了解了他以及他的創業過程之後，才發現，不知道從什麼時候起，自己已經深深地為他折服。

這個長得像外星人的杭州男人，也有著外星人的智慧。不過，他小時候只不過是一個不被看好的問題少年而已。誰知長大後，竟然成了一個英語很好，又頗受歡迎的大學老師；更出人意料的是，某次出差大洋彼岸的意外「觸網」，讓他的生命從此改寫，踏上了互聯網這條「不歸路」；幾經周折，打造出一個震撼世界的互聯網帝國。他的成功讓很多人跌破眼鏡。想來，還真是「濃縮就是精華」。還有很多人在持續不斷地讚頌他和他的團隊創造出的許多中國互聯網商務的第一，形容他用他的睿智與汗水演繹了一段猶如好萊塢大片一樣盪氣迴腸的傳奇人生。

應該說，馬雲的成就，大家是有目共睹的，但他最打動我個人的卻只有三點：

一是毅力。是那種即便是泰森（前美國拳王）把他打倒，只要他不死，就會站起來繼續戰鬥的毅力，正是這種不死的精神，支持著他在創業的道路上，幾度失敗，幾度重新站起，直到成功。那種不達目的勢不甘休的強硬勁，非常激勵我心；

二是堅持。永遠不放棄自己第一天的夢想，如一頭蠻牛般，認準一條路，一直往前走，即便此路不通，也要把它做到通為止。要知道，在這個處處是誘惑與機會的世界，要認準一件事，並專注於一件事，這本身就是一件極其需要自制力的事情！

三是演講能力。儘管一個人的成功是由多種因素造就而成，但我一直覺得馬雲的成功，他出色的演講才能厥功至偉。對別人來說，可能演講只是發表言論的一種方式，但對馬雲來說，演說絕對是他收服人心的一種武器。因為他的擅長演說，團結了一幫對他忠心耿耿的創業團隊，引來了眾多優秀的行業菁英，降服了不信任他的風險投資，電倒了他的員工，贏來了他的客戶，賺來了自己的名聲。

如今，已然功成名就的馬雲，繼續帶領著他的團隊鑄就「阿里帝國夢」，同時，也積極地與人分享自己過往那些或成功或失敗的經驗與教訓。

他是一個毫不吝嗇於幫助他人在商業領域取得更耀眼成績的人。他在個人部落格裡的個人簡介這樣寫道：「滿大街一抓一大把的普通人！不過運氣不錯，智商一般，但是個福將」。很多人說他狂妄，但其實內底裡，他是個再謙卑不過的人，配合他在中國電子商務界舉足輕重的地位，讓其成了互聯網界獨一無二的人物。

對於這樣一個勇於創業並取得成功的傳奇人物，以及他帶領的阿里巴巴集團是值得我們深度研究的。他的成就和阿里巴巴成功的模式，我們或許無法複製，但他是如何以一個外行人的身分帶著一幫商業菁英取得成功的，卻值得我們學習。他具體是怎樣一個人？他是怎樣做戰略的？是怎樣找風險投資的？是怎樣打理公司，管理人才的？他為什麼能夠得到那麼多創業者的認可甚至崇拜？他有什麼過人之處等等，都是我們可以透過此書了解到的。

讓我們展卷閱讀以下的篇章，穿越馬雲生命50年的厚度，去看看這個擁有拿破崙一樣「濃縮版」身材的草根創業者，是如何憑藉他的智慧與堅強讓一個來自阿拉伯民間故事中的人物名稱成為了影響甚至改變互聯網產業、電子商務進程符號的？

目 contents 錄

目 contents 錄

目 contents 錄

九、企業家的責任：永遠不把賺錢作為第一目標 303

一、馬雲的崛起：

一流的執行力、感染力、說服力加上一流的運氣

在中國商業史上，馬雲絕對是一個異類。人們曾經稱他為騙子、瘋子、狂人。他一沒資金，二沒背景，三沒技術，除非是先知，誰都想不到有一天他能成功，而且是石破天驚般的。他用他並不內行的網路搭了個平台，然後點石成金、化平凡為神奇，讓全天下再也沒有難做的生意。就是這麼一個創意，加上他一流的執行力、感染力、說服力，還有一流的運氣，讓他取得了石破天驚般的成功。他讓一個來自阿拉伯民間故事中的人物名稱成為了影響甚至改變互聯網產業、電子商務進程的符號。《富比士》的封面文章曾這樣介紹他：凸出的顴骨，扭曲的頭髮，淘氣的露齒而笑，擁有一副五英尺（約152公分）高，一百磅（約45公斤）重的頑童模樣，這個長相怪異的人有拿破崙一樣的身材，同時也有拿破崙一樣的偉大志向……這就是馬雲。

西湖邊的小頑童

為了朋友，為了義氣而戰。

1964年9月10日，馬雲出生在杭州一個普通的家庭裡。「我童年的時候，受家庭的影響頗深。我爸是一家戲劇協會的負責人，我小時候常常是就著一些零嘴，在各個茶館聽杭州大書與蘇州評彈的。」多年以後，回想起那段經歷，馬雲依然引以為傲，他認為自己現在講故事的水平高於一般人，都要歸功於小時候那段茶館生涯的經歷。

當然，他也和天下那些讓父母頭疼的孩子一樣：叛逆、倔強、頑皮、淘氣、屢教不改，還特別愛打架。「我自幼便有武俠情結，時常四處行俠仗義，為朋友出頭，打了無數架，卻很少是為自己的，全是為了朋友，為了義氣。」

不過，也有一次是例外的。「我出生的時候正趕上文革。我的爺爺早年做過保長，後來被劃歸到『黑五類』。在那個動亂的年代，沒少受罪。有一天，我放學回家，見家裡來了一群紅衛兵，對著我爺爺大聲呵斥：『只許你老老實實，不許你亂說、亂動！』就在紅衛兵們在我們家耀武揚威的時候，我的很多同學也聚在我家裡圍觀。結果，隔天上課的時候，班裡最調皮的孩子當著全班同學的面，模仿紅衛兵教訓我爺爺的口氣對我說：『只許你老老實實，不許你亂說、亂動！』很多同學都跟著瞎起鬨。自尊心強、內心又極其敏感的孩子，哪裡受得了這等羞辱，我一怒之下，操起語文課本就朝那個最先挑起是非的討厭鬼砸了過去！於是兩人就打了起來……」事情以馬雲被對方的文具盒砸到頭破血流告終。那時候的馬雲，剛上小學三年級。

這一路打著就到了小學四年級，小馬雲又在學校裡幫人出手，結果受了重創，白骨都露出來了。因為沒有麻藥，只好直接縫針。而他竟然一滴眼淚都沒有流，堅強度直比關公。最嚴重的一次是被打得縫了13針，挨了學校處分，校長命令他轉學，逼不得已，他只好轉學到杭州八中。

這就是馬雲的童年，誰也沒有想到，當初那個讓老師和家長都頭疼至極的孩子，二十幾年後，會成為改寫中國互聯網歷史的一個領軍人物。

【馬雲　生意經】

馬雲在中小學時代，確實是個頑童。由於出身不好，家庭壓力大，父親脾氣火爆，加上性格調皮叛逆，所以，時常犯錯，他是在父親的拳腳下長大的。

由於個性使然，他在家裡是待不住的，特別愛在外面結交朋友，且為人講義氣，從小就堅定不移地踐行著他在武俠小說中看到的「俠骨仁心」，為朋友「兩肋插刀」。關於「七人之中必定有混蛋」的認知，大概在那時候就已經萌發了；而「六人之中必定有俊傑」的論斷，想來亦早就深有體會。

作為一名學子，他的功課從來沒有好過，又愛打架；背景上，他沒有顯赫的家世，沒有財大氣粗的經濟做後盾；作為一名普通人，他長相不討喜；智力上也看不出有過人之處；基本上，就是一個不被看好的普通孩子。但最後，硬是憑著自己與生俱來的不用麻藥直接縫針卻不哭的強硬勁，以及堅持不懈的努力，他成功了，且成功得一塌糊塗。

因為這樣一個草根人物的成功，讓人們重新定義了「英雄」這個概念。

兩次大學落榜的馬雲

我其實很笨，腦子這麼小，只能一個一個想問題，你連提三個問題，我就消化不了。

學生時代，各門功課中，最讓馬雲無力的，非數學莫屬。馬雲自嘲說：「中考的時候，我就連考了兩次都名落孫山，最大的原因就是數學太差。這跟腦袋太小有些關係。」

18歲那年，他第一次參加大學聯考，那一年他的數學考了1分。天知道，他的數學成績是不是當年的全國倒數第一，次年，馬雲再次殺進大學聯考的戰場。那一次，他的數學考了19分。

「拿到成績單後，我爸媽想已經給過我機會了，事不過三，再也不必對我這個不爭氣的孩子抱任何希望了，我根本就不是上學的料。他們勸我徹底死了上大學的心，安安穩穩做份工作，學點手藝實在。我只能暫時妥協，開始了我的打工生涯。」

然而，私底下，這個偏執的孩子並不甘心。一般人連續兩次大學聯考失利之後，都會跟鬥敗的公雞一樣，消沉一陣，然後另謀出路，但大學聯考這個挫折，似乎點燃了他征服的欲望，反而讓他愈戰愈勇。

由於無法說服父母繼續支持他，他只得一邊打工，一邊複習。「為了工作學習兩不誤，我白天打工，晚上念夜校。為了找一個好的學習環境，也為了鼓勵自己一下，每到星期日，我就早早起床，趕到離家有一個多小時路程的浙江大學圖書館去複習。為此還結識了一幫忠實的朋友。」

平時，大家就互相幫忙，互相取長補短。「我幫別人補英語，別人教我數學。值得一提的是教我數學的同學，父親是位數學特級教師，哥哥是數學博士，他的數學也很好。在第三次走進考場的前一天，一位姓余的數學老師壓根就不對我抱任何希望，他說：『馬雲，如果你能考及格，我的『余』字倒著寫！』」。

不爭饅頭，爭口氣。「為了那份『看不起』，考數學的當天早上，我反覆地背了10個基本的數學公式。考試時，就用這10個公式一個一個套。從考場出來後，和同學核對答案。我很肯定自己那次考試能及格！」

後來的情形是，馬雲創造了一個奇蹟，一個屬於他自己的奇蹟，他的數學不但及格，而且還考了89分的高分，數學成為了他考得最好的一門學科，而教他數學的同學卻只考了62分。

終於，馬雲如願以償地叩開了大學的校門。

【馬雲 生意經】

從1分，到19分，再到89分，馬雲是愈挫愈勇。第二次大學聯考失敗之後，總分離錄取標準還有140分的差距，連原本望子成龍的父母都覺得馬雲不必堅持了，但馬雲偏不信那個邪，依然趁著工作之餘，擠時間念夜校。為了鼓勵自己，週末還趕大老遠的路程去圖書館讀書，只為了融入一個學習的氛圍。因為搶座位，認識了人生中5個很重要的死黨。「有一天，我們6個人躺在草地上，對著天空發誓，一定要考上大學。」

對於反對和質疑，馬雲說：「我們這類人，欣賞我們的非常欣賞，討厭我們的極其討厭。我不希望大家都喜歡我，這也不可能。當人們都反對我時，不是一件壞事。我討厭中庸。」

正是由於對「度」的把握不同，承受度存在差異，有的人才能逆流而上，取得成功。馬雲就是這樣。他說：「可能你的承受度是2000萬，他的承受度是3000萬，而我的是2億。」結果才導致了每個人的人生差異。

愈是被人看不起，自己就愈是要爭氣，最終，人家的激將法起了作用也好，馬雲的堅持努力有了回報也好，他終於跨過數學這個陷阱，考得了如願的成績，順利地進入了大學。

全杭州英語最好的青年

一種語言就是一種生活方式，就是一種文化和歷史，真正了解不同國家的唯一途徑，就是學習對方的語言，否則只能猜測。

眾所周知，馬雲的英語從小就很溜。小時候，因為調皮，常挨父親的罵，他就用英語回嘴，反正父親也聽不懂，這樣他既洩了憤，又不必擔心因為回嘴而被父親加倍責罰。後來，也因為英文好，才一步步成就出了他的精彩人生。那麼這個出身於普通家庭的孩子，是怎樣練就一口流利的英文的呢？

「我的少年時期，是20世紀70年代末到80年代初之間的改革開放初期，那時候國門剛剛打開，世界各地的外國遊客紛紛湧入中國，一探究竟，『人間天堂』杭州，自然也是他們熱中遊覽的地方。我那時候正念初中，班裡來了位漂亮的女老師，教地理。老師不但人長得美，課也講得生動有趣，很受我們歡迎。」想來，在少年馬雲眼裡，老師更像一位夢中「天使」。

有一天，這位「天使」在課堂上講了自己親身經歷的一件小事，說有一次，她在西湖邊上散步，來了幾名外國遊客向她問路，了解杭州地理的她，以一口流利的英語對答，並向外賓們介紹了當地的旅遊景點。這讓外國朋友很是高興，連聲表示感謝。最後，老師總結道：「同學們，你們一定要學好地理，不然人家問咱們的時候，如果答不上來，多給中國人丟臉哪！」

老師的本意是要鼓勵大家學好地理，然而說者無心，聽者卻有意。老師一席不經意的話，卻讓懵懂的馬雲茅塞頓開，他好像心智中的某個機關被突然開啟了一樣，自此迷戀上英語。他天天堅持聽英文廣播。想學英語，大膽開口練習，以及有語言環境是很重要的，於是臉皮很厚的少年馬雲，就去旅遊熱門景點——西湖邊，找老外搭訕，給他們免費當導遊，就為了有開口說話的機會。

「1979年的一天，那時候，我剛剛15歲，在杭州香格里拉大酒店門口結識了一對來杭州旅遊的澳大利亞夫婦。那對夫婦還挺喜歡我的，覺得這小孩有點意思，樂觀開朗。那段時間，我就騎著自行車帶著他們跑遍杭州城。」他們成了忘年之交。那對夫婦回國以後，雙方「幾乎每個禮拜通一次信」，成為那個時代最時髦的「筆友」。這種長期的書信交流方式，又一次大大地促進了馬雲的英語水平。

第三次大學聯考之後，馬雲的分數本沒有達到低標，但因為當年本科沒招滿，而馬雲的英語很好，於是他幸運地進入了杭州師範大學外語系。

到了大學，因為英文根基好，馬雲比其他同學清閒了許多，便花大量時間在社交上，當學生會主席。畢業後，又成為唯一一位有分配工作的畢業生——當英語老師。因為他風趣幽默，廣受學生歡迎；另一方面，在商界裡，因為當時整個大環境的需要，英語人才奇缺，於是，全杭州英語最優秀的馬雲老師，就順理成章地成為了當時最搶手的「香餑餑」。

【馬雲 生意經】

馬雲似乎從少年時候起，就顯得比別人有先見之明，在國門剛開的時候，小小年紀的他，就迷上了英語，是巧合還是冥冥之中早有安排？為了學習英語，他每天堅持聽英國的 BBC，美國之音。在西湖邊，每當遇到來自世界各地的外國遊客，他就毫不怕生地主動湊上前去和人家寒暄……

他就是這樣孜孜不倦地苦練著，日復一日，年復一年。某一天，人們突然發現，這個昔日的「劣等生」，竟然成了老師和同學們公認的英語奇才。一個從沒出過國的孩子，口語流利到如此程度，有時候連老外都誤以為他是從歐美歸國的「小華僑」。

後來，馬雲回憶道：「在和這些外國人互動的過程中，我發現外國人的想法和我受到的教育有很大不同，讓我了解到外面還有另一個完全不同的世界。」所以，經常出去與各國人民交流，不僅讓馬雲打下了堅實的英語基礎，更讓他在小小年紀就訓練出了與人溝通的能力，且在與各種文化背景的人的交流中，他們的思維與見解亦不斷地衝擊著少年馬雲的世界觀、人生觀。

俗語有云：「機會總是垂青有準備的人。」馬雲如果不是比同齡的孩子更早更刻苦地學英語，如果不是因為經歷得比別人多，比別人更有遠見，如果不是因為英語的優勢獲得出國的機會，他怎麼會有機會早早地接觸互聯網？那麼，又怎麼會有今天稱雄於互聯網行業的馬雲？

一種語言就是一種生活方式，就是一種文化和歷史，真正了解不同國家的唯一途徑，就是學習對方的語言，否則只能猜測。

選定一個行業，然後勇敢跳下去

當時，我已經30歲了，確定自己要去做一家公司，不管做什麼公司，只要有一個行業我一定跳下去。

畢業後，順利分配到杭州電子工學院教英語的馬雲，憑藉著自己超強的英語實力，和出色的個人魅力，很快便贏得了學校學生的喜愛。漸漸地，英語好的馬雲就在杭州城內打開了知名度。

馬雲說：「當時因為英文不錯，有很多人想找我做翻譯，但我白天要上課，沒時間去做翻譯，我的很多老師退休以後在家裡沒事幹，薪資又少，所以我想成立一個翻譯社，作為仲介一樣。那時候沒有把賺錢放在第一位，總覺得做這件事情挺好的。然後也是一個夢想，我覺得這個翻譯社是有前景的，可以成為杭州市最大也是浙江省最大的一個翻譯社。」

於是，1991年，馬雲初涉商海，成立了海博翻譯社，一路摸爬滾打，堂堂的大學老師，硬是做成了義務小商販，稀裡糊塗地折騰了兩年，總算沒有倒閉。後來，如果不是1995年那次在美國遭遇Internet，也許此後伴隨馬雲一身的榮耀或是折磨都和那個海博翻譯社有關了。

1995年3月，馬雲出國歸來，身上多了一台電腦。隨即，他向校長提出辭呈。難能可貴的是，馬雲不像中國大部分年輕人一樣，「晚上想想千條路，早上起來走原路」，對馬雲而言，很多想法是靈光一現，但不是曇花一現。馬雲一旦想做一件事，那是一定要做成了才肯甘休的。

此時的他，剛剛步入而立之年，已經是杭州十大傑出青年教師，是學校駐外辦事處的主任。走的時候，校長跟他說：「你什麼時候想回來就回來，我一定同意。」而馬雲在心裡暗自下決心：「我現在不會回來，如果要回來的話那也是10年以後的事兒了。」

於是，帥氣的馬雲揮揮手，放棄安穩的鐵飯碗，毅然下海。對於當時自己為什麼走得那麼決絕，多年以後，馬雲是這樣解釋的：「我自己已經30歲了，我要去做一家公司，不管做什麼公司，只要有一個行業我一定跳下去。」

一個值得注意的事實是，1995年，多數中國人都沒有聽說過互聯網是什麼東西。國家還沒有正式開通互聯網，更別提那時的杭州。而馬雲就敢放棄優渥的大學教師身分，下海做起了互聯網。正是因為這種堅決的「跳下去」，儘管經歷過詐騙以及與國家經貿部合作的失敗，馬雲依然沒有改變他的決定，1999年3月，他折回杭州，創辦了阿里巴巴。

【馬雲 生意經】

上世紀的中國90年代初，下海創業做生意成為了一種潮流。創業是很多具有雄心壯志的人的一種人生情結。有人說：「人存在的目的就在於控制，對人的控制叫權，對財的控制叫利。而創業，如果成功的話，既可以控制人，也可以控制物。這是創業的魅力所在。」但問題是，當隨著年紀漸長，擁有的愈來愈多，你真的有勇氣不顧一切地跳到創業大潮中去嗎？

馬雲舉例說：「當我的左腳踩住了右腳的鞋帶，右腳一拉，『晃當』一聲，我摔倒在地。這樣的場景，經常在我和我周圍的朋友中發生，因為人們總是自己把自己打倒。自然，在創業面前，很多人也是這樣自已把自己打倒的，因為學歷、資金、關係都可能就是那根鞋帶。」同樣的，在馬雲創業之時，這些鞋帶依然存在。不過，他選擇了縱身往下跳。

多年以後，當馬雲功成名就時，人們回過頭去看，紛紛評價說：「當時的馬雲，如果沒有『跳下去』的勇氣與堅持，既不懂電腦，也不懂網路的他，和互聯網是八竿子也打不著關係的。」

從大學講師到翻譯社老闆

生活是公平的，哪怕吃了很多苦，只要你堅持下去，一定會有收穫，即使最後失敗了，你也獲得了別人不具備的經歷。

1988年，大學時代已是校內風雲人物的馬雲，畢業之後，幸運地成為500名本科畢業生中唯一到高校任教的英語老師。學院當時的老主任似乎早有預感，馬雲不是一個安分的人，於是找他談話，說：「馬雲，我和你打個賭，你能不能做6年的英語老師？」

馬雲一口即答應下來，他覺得男子漢一言九鼎，遵守承諾是天經地義的事。為了這個承諾，馬雲老老實實地在杭州電子科技大學做了6年的英語老師。即便是到了今天，站在鎂光燈下的馬雲，依然會提醒人們：「我是教師出身，曾經教過六年的書。」

話說回來，雖然老師是一個偉大的職業，但馬雲骨子裡就不是一個甘於平淡的人，那小小的講台怎麼滿足得了他對更廣闊世界的探索欲望？不甘於一輩子做一個教師，又暫時飛不出去，怎麼辦呢？「折騰」吧。因為當時請他翻譯的人很多，有時候，他一個人根本忙不過來，而他身邊的同事，尤其是一些退休的老教師，卻是閒著發慌。腦袋瓜靈活的馬雲見狀，腦袋一拍，於是就有了他的第一個傑作「海博翻譯社」。

結果，人算不如天算，翻譯社不但沒給馬雲帶來好處，反而虧錢，很多人都勸馬雲放棄，而倔強的馬雲偏不信那個邪，為了維持翻譯社的營運，四處尋找新的利潤增長點。結果堂堂一個大學教師，竟然做起了「倒爺（過去北京稱做買賣的人）」。大熱的天裡，一個人背著個大麻袋出發，從杭州跑到義烏、廣州，四處批發小工藝品、小禮品，從鮮花到禮品，從襪子到內衣，但凡稍微能有些利潤的小商品，馬雲通通給背回了杭州。

就這樣，在馬雲永不放棄的打理下，海博翻譯社的生意漸漸有了起色。如今回顧創業之初自己幹過的「傻事」，馬雲仍然引以為豪。而今日的海博也成了杭州最大的翻譯社。

【馬雲 生意經】

在馬雲的創業歷程中，海博翻譯社，不是最光輝、最燦爛的一頁，卻是馬雲踏入商海邁出的第一步。有人這樣評價說：「有一點我們不得不承認，步入而立之年的馬雲已經開始顯現『敢為天下先』的氣魄和勇氣，正如他後來在中國互聯網行業創下的許多『第一』一樣。當他的同事安於每月拿著固定薪資，白天站在三尺講台上，回家過著『老婆、孩子、熱炕頭』的穩定生活時，馬雲已經開始為自己的理想和一顆不安分的心而『窮折騰』了。」

翻譯社剛成立的頭兩年，生意一直不好，周圍好心的同事、朋友紛紛勸馬雲「回頭是岸」。有人說：「馬雲，你真是犯傻了，安安穩穩地當大學老師多好，瞎折騰什麼啊？」也有人譏諷和嘲笑他不知天高地厚。更要命的是，當初一起合夥創辦翻譯社的幾個朋友這時也開始動搖了，他們甚至開始考慮讓翻譯社趁早關門大吉了。

可馬雲卻不，他認準的事，自己一定要堅持。於是，他開始了「倒爺」生涯，且整整持續了三年。站在一堆小販中間，瘦弱的他，任誰都不信，那竟然是位大學講師，且是杭州的十大優秀教師之一。就這樣靠他賣小商品、推銷醫藥賺來的錢，足足養了海博翻譯社三年，才讓這個原本早已是奄奄一息的翻譯社奇蹟般地起死回生。到1994年時，海博翻譯社基本實現收支平衡；1995年，開始逐步實現贏利。

在海博翻譯社實現贏利、業務開展走上正軌之後，馬雲就再也沒管過它，放手給其他老師來打理了。日後，憑著這股不怕吃虧、不怕吃苦的「傻」勁，馬雲又開始了新的創業歷程。

從騙子、瘋子、狂人到阿里巴巴CEO

阿里巴巴一直想做一個影響全世界經濟或者是亞洲經濟，至少是影響中國經濟的一家公司。我們在做這個公司的時候，是不在乎別人怎麼看的，永遠地，我只在乎我的客戶和員工怎麼看，其他人的話我都不聽。

馬雲的「騙子」稱號，最早要追溯到他的「中國黃頁」時代。「1995年，在美國第一次接觸互聯網之後，我很興奮地回到中國，立刻創辦了當時最早的網站之一——中國黃頁。那時候，全中國人民對『internet』是個什麼東西，毫無概念。而我自己也對互聯網一竅不通，於是我藉用比爾・蓋茲的名號大膽預言：『互聯網將改變人類生活的方方面面。』一個沒錢的普通人，去操作連政府都還沒開始關注的項目，我的朋友們都認為我瘋了。但我自己很堅持。」

剛開始的時候，馬雲只能和大多數做業務的人一樣，學兔子，先吃窩邊草。從他身邊的朋友開始「騙」起，走遍杭州城的大街小巷，直「騙」到京城的權威媒體。馬雲獲得了愈來愈多的認可。就這樣，一路跌跌撞撞地在互聯網的道路上摸爬滾打，最後卻真的走出了一條自己的路，創辦了阿里巴巴，並獲得空前的成功。

這個瘋子，當初，揮一揮手，就告別了6年的教書生涯。在全世界的互聯網企業都複製美國模式時，他又瘋狂了一回，另闢蹊徑，不走尋常路。在全世界的商人都絞盡腦汁地從投資人口袋中挖錢的時候，他又「吊兒郎當」地嫌錢太多，而拒絕了日本軟銀集團（其主要投資IT產業，包括網路、電信）的總裁孫正義的3500萬美元。在人家三催四請之後，終於「勉強」地收了人家的2000萬美金。

在全球電子商務巨頭eBay與國內的C2C（Customer to Customer，意指個人對個人的網路交易方式，如eBay）老大易趣兩強聯合之後，他又不怕死地宣佈：進軍C2C，向eBay易趣挑戰。結果，用了不到兩年的時間，就把強大的對手踹出局去。

除了以上種種「瘋」症之外，馬雲還有另一名稱，那就是「狂人」。與別的成功人士一比，馬雲實在是不夠謙虛，講起話來，經常是：「賺不賺那幾億沒什麼了不起的。」小小個子，卻是財大氣粗樣。

這種「狂」，早在創立阿里巴巴之初就已初現端倪。那時候，除了他們自己，世界上還無人知曉阿里巴巴，他即對同伴們宣佈：「我們要做全球前十名的網站。」後來，從「每天盈利100萬」到「每天交稅100萬」，再到「現在賺的只是零花錢而已」，馬雲亦絲毫不掩飾自己公司的實力與良好的盈利前景，並說阿里巴巴是「拿著望遠鏡也找不到對手。」

這就是馬雲。他說：「我可能瘋狂一點，但絕不愚蠢！」

【馬雲 生意經】

早在1995年8月，為了洗脫「騙子」的嫌疑，馬雲就把記者請到家裡來，當著對方的面，花了三個半小時，從網上下載了一個國外的網頁以證明互聯網的存在。但做事業的過程中，幾乎任何一個與馬雲有過深度接觸的人，都會莫名其妙地被他「騙」倒，正如當年在北京幫馬雲做了那個《書生馬雲》節目的同鄉好友所說的那樣：「他（馬雲）就像一劑毒藥，把所有的不可能都變成可能了。」

於是，他「騙」來了談投資的蔡崇信當他的CFO（首席財務長）；「騙」來了哈佛的35名MBA，搞得他們爭著要「回中國跟著Jack Ma一起工作」；「騙」來拉廣告的孫彤宇，「騙」來了一大群忠心追隨他的夥伴們。

有人這樣評價道：「馬雲是『騙子』也好，是『傳教士』也罷，無論如何都不可否認這樣一個事實：『這個小個子的浙江企業家，身上有一種特異的、讓人無法抗拒的魔力、威力、魅力』。如果我們非要用『騙子』這個詞來形容的話，也許應該加幾個修飾詞——一個有著相當高的『騙術』的、講究『技術含量』的『超級騙子』。」

正是這個「騙子」，當他在拚命地推廣著被人們認為只會燒錢不會產出的互聯網時，又被當成了瘋子。就是這樣一個瘋狂的人，多年來從未動搖過做電子商務的信念。他說：「阿里巴巴一直想做一個影響全世界經濟或者是亞洲經濟，至少是影響中國經濟的一家公司。我們在做這個公司的時候，我是不在乎別人怎麼看的，永遠地，我只在乎我的客戶怎麼看，只在乎我的員工怎麼看，其他人的話我都不聽。」

所以，他非常執著地帶著阿里巴巴闖過了一道又一道的難關，亦迎來了一次又一次的高潮。他在把阿里巴巴帶到了全球知名境界的同時，亦試圖創造出一個更加恢弘的阿里巴巴帝國！

我們在做阿里巴巴這個公司的時候，是不在乎別人怎麼看的，永遠地，我只在乎我的客戶和員工怎麼看，其他人的話我都不聽。

把自己做成品牌

馬雲就是馬雲！

在歌壇上，歌手一般有兩種結果，一是人紅歌不紅，二是歌紅人不紅。在商界也是這樣，很多國際知名的企業，他們的名號全球響噹噹，但是人們對其掌門人卻知之甚少，因為他們更樂於躲在企業與品牌之後運籌帷幄，而像馬雲這樣，在將企業經營得風生水起的同時，主動站到鎂光燈前，憑著個人的出色口才，成功為自己樹立起鮮明的個人形象的企業家畢竟是少數。

應該說，馬雲從一開始就熟知媒體規則，他知道如何用一個互聯網菁英的身分調度媒體為己所用。因此，善於觀察的人就會發現透過媒體了解到的馬雲幾乎是同一個形像。可以說他的智商非常高，在知道自己創業成功，講的任何話都會受到廣泛關注之後，這個「互聯網狂人」便展開了一條自我成就之路。

他知道媒體需要目光效應，需要焦點人物一鳴驚人，於是，「馬」式狂語常常是「語不驚人死不休」。例如在大家都感歎互聯網寒冬漫長難捱時，馬雲卻說：「互聯網寒冬過得太快，如果可能我希望當時能再延長一年。」當「互聯網＝燒錢」成為社會輿論的主論調時，馬雲乾脆說：「免費制是淘寶燒錢戰術的一部分」，「我已準備了供未來5年燒的錢！」身為商人，在大把大把賺鈔票時候，時常把「不在乎賺錢」掛在嘴邊，說現在利潤過億的阿里巴巴與國外的企業比，賺的都是「零花錢」。

談及競爭對手的時候，他也照樣辛辣。他認為：「馬化騰的騰訊網應該很強大，但一直看不到任何增長。」在騰訊也推出自己的免費B2C入口網站之後，馬雲又嘲笑人家說這是一步「臭棋」。他誇獎百度的李彥宏「非常的專注」，但下一句就是「但是過於專業化會死人的」。在把eBay踢出局之後，他更是將矛頭直指百度和谷歌，然後繼續拋出「狂語」：「現在的阿里巴巴很是孤獨，我拿著望遠鏡也找不到對手」。連未來退休以後的打算，馬雲也不忘自抬一下身價：「最好是到學校教書，如果失敗了我就到北大教書，成功了就到哈佛教書。」

馬雲為他自己找到了一個有創意的媒介形象，使得人們很難將他與其他有名望的人相混淆，「馬雲就是馬雲！」正如他那個「一根手指頭豎在唇前，睜大驚奇雙眼」的造型，讓「互聯網怪咖」的形象只屬於馬雲，天下無雙。

【馬雲　生意經】

從小，我們就被教育說要「全面發展」。而事實上，一個人如果想要獲得成功，最大限度地發揮自己的長處是最有利的保障。據科學研究顯示：「在每個人的大腦區域中，都有一個最佳潛能區，發掘這個區，最容易取得成功。」而馬雲就是這個結論的最佳例證。

這個草根創業者，長相怪異，沒錢沒勢，沒有上過明星大學，既不懂電腦，也不懂網路，表面上，這真是一個普通得不能再普通的人物，最後竟然可以成為一個不懂IT的IT菁英，不懂網路的網路英雄，一舉一動比別的成功者更受到關注，尤其受大學生，特別是有志於創業的青年的喜愛，究其原因，很大一部分要歸功於馬雲的口才。

除了打理企業，他深知這個時代，尤其是他身處於互聯網這個瞬息萬變的行業，讓人印象深刻的個人形象是何等重要。於是，他用自己高於常人的表達能力，更確切地說是演說能力，藉助公共媒體平台，為自己豎立起一個「永不放棄，睿智，狂妄」的媒體形象。這個氣場十足，充滿智慧，又驕傲到剛剛好讓人喜歡的形象是那麼地對天下千千萬萬網友的胃口，以致於隨著阿里巴巴在互聯網中的地位的提升，馬雲的個人品牌形象亦隨著越發生動。

男人的長相往往和他的才華成反比

> 人又瘦，還那麼醜，不過我覺得絕大部分的情況下，一個男人的長相和他的智慧是成反比的。

馬雲第一次上《富比士》雜誌的時候，內文是這樣形容他的：「突出的顴骨，扭曲的頭髮，淘氣的露齒笑，一個5英尺高，100磅重的頑童模樣。這個長相怪異的人有著拿破崙一般的身材，同時也有著拿破崙一樣的偉大志向！」

即便是現在，有馬雲的地方，就有人拿他的外貌說事。有人說他長得像E.T.有人說他長得像孫猴子，而馬雲從小就知道自己並不是一個帥哥。

第一次大學聯考落榜之後，灰心喪氣的馬雲懷疑自己不是上學的料，便準備去做個臨時工以貼補家用。於是和表弟結伴去西湖邊的一家賓館應聘端茶送水的服務生工作。結果，原本是陪他一塊去的表弟被順利錄用了，而他自己卻沒被用上。被拒絕的理由很簡單：「馬雲太醜啦」，上不得檯面。被長得又高又帥的表弟一襯托，越發顯得瘦弱矮小。無奈之下，馬雲只好去尋找那些不要求長相好看只要求有力氣就行的工作做。

而極富戲劇意味的是，至今，馬雲的這位表弟還在一家飯店的洗衣班裡，做一名普通的洗衣工。於是，若干年後便有了那句膾炙人口的「馬氏語錄」：「一個男人的才華往往與容貌成反比。」

而正是這位長相怪異的男人憑藉其出色的個人魅力於1999年創立了阿里巴巴集團，創建了全球最大的B2B（Business to Business，意指企業對企業透過店子商務的方式進行交易）電子商務平台。它的成立推動了中國商業信用的建立，在激烈的國際競爭中為中小企業創造了無限機會，「讓天下沒有難做的生意」。

國內外媒體、矽谷和國外風險投資家譽阿里巴巴為：「與Yahoo、Amazon、eBay、AOL（American Online美國線上）比肩的五大互聯網商務流派代表之一」。除此之外，他是中國大陸第一位登上美國權威財經雜誌《富比士》封面的企業家；上過日本最大財經雜誌《日經》的封面，被無數媒體爭相報導。哈佛大學兩次將他和阿里巴巴經營管理的實踐收錄為MBA案例。

【馬雲 生意經】

人們常說：「上帝給你關了一扇門的同時，也會給你打開另一扇窗。」所以，不帥的馬雲，口才特別好，常常妙語連珠，創業過程中，憑藉著其三寸不爛之舌，匯聚了一幫與他同舟共濟，同謀大業的兄弟。關於他的長相，他最經典的一句自我解嘲是：「一個男人的才華與其容貌往往是成反比的。」

這是一個人人爭著做才貌雙全的完美人才的時代，這句話是否正確，我們不必考究。最重要的是，每個人的成功和他自身的努力是分不開的，不經歷風雨怎麼能見彩虹呢？只不過當一個人的長相稍微差一點時，他往往比別人更努力。更何況在當下的社會，美和醜都已沒有絕對的標準，個性才是一個人外在魅力的體現。即便一個人的相貌真的醜陋到極點，如果言語中透露出的是修養和深厚的文化底蘊，那也會馬上使得他的相貌閃現出一張俊美的面孔永遠也無法企及的光輝。

如果馬雲能成功，80％的人都能成功

我自己覺得，算，算不過人家；說，說不過人家。但是我大學過得很成功，創業也成功了。如果馬雲能夠成功，我相信80％的人都能成功。

未上大學之前的馬雲，若不是他日後有截然不同的生命軌跡，簡直平凡到不值一提。跟天下所有的頑童一樣，小時候的他，愛打架鬥毆，身形又瘦小，長相還怪異。功課，除英語之外，其他科目都慘不忍睹，以數學最為糟糕。連續兩年，參加大學聯考，均名落孫山。兩次數學的分數分別是1分和19分。20歲那年，死不認輸的他第三次參加大學聯考，終於通過，但也僅達到最低錄取標準而已，後來幸運，撿了本科未招滿的便宜，被升級進了杭州師院英語系。

看著這樣一份小簡歷，任你再聰明，也想像不出，這樣的小孩，將來能有多大作為？如果他都能夠上《富比士》封面，那天下所有順利跨過大學校門的莘莘學子是不是都比他更有資格嚮往？

連馬雲自己都說：「我是個很笨的人，算，算不過人家，說，說不過人家，但是我創業成功了。我想，如果連我都能夠創業成功了，那我相信80%的年輕人創業都能成功……」

在創辦阿里巴巴之前，跟大學聯考落榜次數一樣，馬雲涉足互連網創業失敗過兩次，1995年，馬雲正式辭去大學教師工作，創辦無中國人知曉的中國黃頁，被稱為「騙子」，但馬雲仍然像瘋子一樣不屈不撓地做推廣，他時常這樣鼓勵自己：「互聯網是影響人類未來生活30年的3000米長跑，你必須跑得像兔子一樣快，又要像烏龜一樣耐跑。」然後出門跟人侃互聯網，說服客戶。業務就這樣艱難地開展了起來。1996年營業額不可思議地做到了700萬！也就是這一年，互聯網漸漸普及了。1996年3月因為杭州電信實力懸殊的競爭，最後馬雲不得已和杭州電信合作，後因經營觀念不同，馬雲和杭州電信分道揚鑣。這年是1997年，這是馬雲創業生涯經歷的第一次失敗。

後受外經貿部邀請，加盟外經貿部新成立的公司。過了兩年，不甘心受制於人的馬雲受夠了在政府企業做事的束縛，毅然辭職。從杭州跟他一起去打拼的團隊成員全部放棄其他機會，決心跟隨。這年是1999年，這是馬雲遭遇的人生的第二次創業失敗。

一幫人悄悄地回到杭州，進行了第三次創業。他們每天像野獸一般，窩在馬雲家裡瘋狂地工作，日夜不停的設計網頁，討論網頁和構思，睏了就席地而臥。幾個月後，阿里巴巴橫空出世，從鋒芒初露，到勢如破竹，步步高升，直至成為全球最大網上貿易市場、全球電子商務第一品牌，並逐步發展壯大為阿里巴巴集團，未來還將誕生阿里巴巴帝國。這次，馬雲終於創業成功。

【馬雲 生意經】

馬雲的成功絕非巧合！那是智慧和勇氣的結晶，是信心與實幹的結果，是領袖與團隊無間結合的成就。就拿他二次大學聯考落榜來說。第一次失敗之後，為了謀生，他先後當過秘書、做過搬運工，給雜誌社蹬過三輪車送書。第二次失利，連帶著失去了家人的支持，他只得白天上班，晚上念夜校；一般人至此，早已放棄希望，可馬雲不是，二次失敗只是加倍的激勵，終於，第三次再上，大學校門終於為他敞開。

中國黃頁推出之初，人人都說他是騙子。在阿里巴巴創業之始，最多的時候，他們35個人擠在一個房間裡。最窮的時候，馬雲要靠向員工借錢，然後再當薪資發回給人家。在第一次的阿里巴巴創業會議上，馬雲就預告了未來，要求全程攝影，以此作為歷史見證。很多人說馬雲狂妄，但馬雲說過自己每做一個重要的決定靠的都是勇氣和眼光。

從1995年接觸網際網路到1999年阿里巴巴問世，他用了5年的時間，經歷了2次失敗才獲得了第一階段的成功。一個人成功一次是偶然，但馬雲99年自阿里巴巴創業成功至今的不斷發展，我們不能說馬雲只有幸運、大膽和自信，這裡面肯定還包含了大智慧和大理智。

連草根人物馬雲都能成功，那麼聰明的你呢？

今天開始行動，你將是下一個 Google

現在每個人都有機會去成為英雄，有機會去看到一個新的世界成長和到來。如果今天你開始採取行動，你很可能就是下一個 Google、eBay。

1992年，馬雲和朋友一起成立了杭州最早的專業翻譯社「海博翻譯社」。幾年下來，錢沒賺到，馬雲倒是憑藉超強的活動能力為自己帶來一定的名氣。當時，有一家中國公司，因為和美商合作承包建設項目而被賴帳，於是聘請了號稱全杭州英語最好的馬雲為翻譯到美國收帳。此行帳沒收到，卻意外促成了馬雲人生中一個至關重要的轉捩點。

回國之前，馬雲去西雅圖看望一個朋友。「『Jack，這是 Internet，你可以輸入任何字查詢。』西雅圖的朋友向我推薦道，沒有想到，他的這個建議卻為我打開了一個嶄新的世界。當時，我根本不敢觸摸那台電腦的按鍵，怕弄壞了，賠不起。朋友笑著鼓勵我試用一下，於是我狐疑地輸入 beer（啤酒）一詞，結果出來一堆美國、日本、德國啤酒的資料，但就是沒有中國啤酒的蹤影，於是，我又輸入 China（中國）一詞，卻顯示 no data（查無資料）。」

「我當下暗忖：『為什麼網路上沒有中國的東西？』我靈機一動，隨手做了自己杭州翻譯社的網頁讓朋友幫忙掛上去，結果短短的三小時，就收到五封分別來自美國、德國、日本的電郵，信裡說這是他們在互聯網上發現的第一家來自中國的公司，他們問在哪，想做進一步的了解。這立刻讓我意識到：『噢，這東西將來有戲！』」

回國後，馬雲的行李箱裡多了一台電腦。當晚，他便召集了24個朋友來家中聚會。他當場宣佈自己要開始做 Internet 企業！他口沫橫飛地向朋友們講了好長時間，但是沒有人聽懂他到底要幹什麼。因為中國當時還沒有互聯網，而馬雲也不是一個懂電腦懂網路的人，卻說要做網路公司，怎麼看都叫人匪夷所思。但馬雲自己心裡很清楚，他發現了一件對於當時的中國來說，完全陌生的事物，他看到了這裡面的商業機會，他認定了這個事情，就想立刻採取行動。於是，他在親朋好友的反對下，毅然借了2萬元，成立了中國最早的網路公司之一——中國黃頁，幾經波折之後，踏上了通往電子商務帝國的路途。

馬雲已經樹立了十年之後的阿里巴巴要超越 Google、eBay 的目標，他說：「現在每個人都有機會去成為英雄，有機會去看到一個新的世界成長和到來。如果今天你開始採取行動，你很可能就是下一個 Google、eBay。」

【馬雲 生意經】

每個人從小到大，多多少少，總有那麼些夢想，有些隨著時間的流逝會消失，有些卻一再被堅持，時間愈久，目標愈明確，且想以此創出一番事業。

馬雲說：「很多年輕人是晚上想了千條路，早上起來走原路。中國人的創業，不是因為你有出色的 idea，理想，夢想，想法，而是你願不願意為此付出一切代價，全力以赴地去做它，直到證明它是對的。」

所以，拿出行動吧。拖延與成功無緣，有了目標和計畫，就應該立即行動。試想一下，如果沒有把夢想與行動完美地結合起來，怎麼會有愛迪生的電燈能照亮全世界？沒有親自動手，像王安這些電腦製作人又怎麼能把巨型電子電腦開發到今天的微型電子電腦？沒有比爾・蓋茲的夢想與行動，哪有今天你我離不開的網路生活？沒有馬雲的夢想與行動，又何來今日的阿里巴巴帝國以及天下千千萬萬中小企業人的笑容？

孔子曰：「仁者先難而後獲，可謂仁矣。」「先事後得，非崇德與？」意思就是：「聰明仁義的人知道唯有先付出艱苦的努力，然後才有所收穫。」「先勤奮做事爾後收穫，恰恰是同時提高了道德修養。」馬雲用活生生的事實證明了一個道理：「這個世界沒有童話，夢想的實現，是靠堅定不移的行動，靠拼搏，靠自己的雙手創造出來的。」

二、創業精神：打不死、永不退的堅持

創業是很多人的夢想，但並不是每一個人都敢於將這個夢想付之於行動。因為創業是一個艱辛的過程，而且，光有激情和創新還不夠，它還需要有很好的體系、制度、團隊以及良好的盈利模式。在創業過程中，用馬雲的話說就是要拿出「即使是泰森把我打倒，只要我不死，就會跳起來繼續戰鬥」的大無畏堅韌精神，而且最後等待你的還未必是成功。馬雲剛開始做Internet的時候，能不能成，自己也沒有底，只是覺得做一件事，無論失敗與成功，總要試一試，闖一闖，不行還可以從頭來過；但是如果不去做，總走老路子，就永遠不可能有新的發展。無論如何，要相信，雖然創業過程是艱難的，但只要有恆心和毅力，定能守得雲開見月明。

創業者首先要有偉大的夢想

創業者首先要有夢想，這個很重要。
如果沒有夢的話，為做而做，盲目前行，肯定不會成功。

1995年，馬雲出差美國第一次發現了互連網，他預計互聯網有一天會改變人類，可以影響人類的方方面面。但是誰可以把它改變掉，它到底該怎麼樣影響人類？這些問題，他當時並沒有想清楚，只是隱隱約約覺得那是他將來要要幹的事。所以，回國當夜，他即請了24個朋友到他家裡共商創業大事，經過兩個小時的演講之後，投票表決，23個人反對，1個人支持，大家覺得這個東西不可靠。但是經過一個晚上的深思，第二天早上，馬雲依然決定辭職去實現他自己的新夢想。

多年以後再回過頭去看，馬雲把自己當初的衝動與激情叫做一個盲人騎在一隻瞎的老虎上面。「當時，根本不明白將來會發生什麼？在不太有人相信互聯網的時候，只是自己一味地堅信，堅信互聯網將會對人類社會有很大的貢獻。但我馬雲當時還只是無名小卒，人微言輕，根本不會有人相信我的理念，所以我冒用了比爾·蓋茲的名字，說互聯網將改變人類生活的方方面面。結果，很多媒體爭相報導這個言論。而事實的真相是95年的比爾·蓋茲，還反對互聯網。」

馬雲提醒創業者，一定要想清楚兩個問題：「第一，你想幹什麼？不是你的父母讓你幹什麼，不是你的同事讓你幹什麼，也不是因為別人在幹什麼，而是你自己到底想幹什麼？第二，你需要幹什麼？想清楚想幹什麼的時候，你要想清楚，我該幹什麼，而不是我能幹什麼。」「創業之前很多人問自己，我有這個，我有那個，我能幹這個，我能幹那個，所以我一定比別人幹得好，但其實不一定，我一直堅信，這個世界上比你能幹，比你有條件幹的人很多，但比你更想幹好這件事情的，全世界應該只有你一個，這樣你才有贏的機會。所以想清楚你幹什麼，然後要想清楚該幹什麼，不該幹什麼。」

多年後的今天，最讓馬雲覺得驕傲的事情不是取得了什麼樣的成績，而是他經過千辛萬苦，終於證實了自己當初的夢想是對的，那就是：「互聯網將改變人類生活的方方面面。」

【馬雲　生意經】

馬雲認為作為一個創業者，首先要給自己一個夢想。「有夢」是創業者最起碼的先決條件。1995年，他偶然到美國，發現了互聯網。自己不是一個技術人才，對技術幾乎是完全不懂。

即便是到了現在，他對電腦的認知還是停留在收發郵件和流覽頁面上，但這並不影響他成為IT菁英，網路英雄，因為最重要的是你到底夢想幹嘛？

有人說：「人活在這個世界上，只要不是瘋子，都會有一個夢想或追求，人們為了它，可以不顧一切想盡辦法去實現它。」當夢想成為一朵永不凋謝的花朵，成為人內在情感的力量時，就有了前進的方向與動力。

馬雲就是有了夢想的照耀，憑藉著對自己的信任以及對夢想的堅持，在創業過程中，即使遇到很多困難，吃了很多苦，也不曾放棄，最後才成就了阿里巴巴。

創業要選冷門

如果我現在再創業的話，一定不會做網路公司，因為網路公司裡面集聚太多聰明的人，大家都想網路創業的時候你要想想傳統產業，人人都想傳統產業的時候就要想新科技了，這是基本規律。

創業者要如何選擇自己的創業目標呢？馬雲給出的答案就兩個字：「冷門」。他說：「如果我現在再創業，一定不會到網路公司，因為現在的網路公司太多聰明人，當大家都想做網路的時候，你要想想傳統行業；當所有人都想傳統行業時，你要考慮高科技。如果比爾・蓋茲今天再來做微軟，也不一定會成功。」而回顧馬雲這一路的創業史，他當年何嘗不是頻頻爆「冷門」？

在當時的市場還不成熟的情況下，他率先成立了博海翻譯社，搞得自己要屈尊當小販來養活它，但幾年以後，事實證明，他當初的判斷是對的，商業翻譯是很大的一塊市場，如今的博海是杭州最大的翻譯社。

在中國政府還沒有正式操作互聯網的時候，他又風風火火地開起了中國最早的網路公司之一。因為這個行業實在是太冷，以至於創業之初，連員工招聘都很困難，用馬雲的話說：「只要在街上走的不太殘廢的都給招進來了。」就是在這樣舉步維艱的情況下，他們還逆境而上，最終引得「大財團」杭州電信的關注，取得合併的機會，至於後來，分道揚鑣那又是另一話題。

在1999年創辦阿里巴巴的時候，不走成熟的美國網路模式，而另闢蹊徑，做起了B2B。創辦阿里巴巴後不久，趕上了全世界的「網路泡沫破滅」，人人都棄互聯網另尋它路的時候，馬雲又爆冷地：「堅守原地」。

在EBAY易趣兩強聯合，人人都以為他們穩坐「中國第一」寶座的時候，馬雲以「正當防衛」為理由，整出一個淘寶網來與之對打，硬生生地把EBAY易趣從「冠軍」的寶座上擠下來。在一片質疑聲中，馬雲推出誠信通，拉攏銀行體系支持網上支付，為表現阿里巴巴對「支付寶」產品的絕對信心，馬雲推出了「全額賠付」制度，力破網路交易瓶頸。

這位瘦小的E.T.仁兄，就是經過這樣一次次出其不意地「爆冷」，創造了一個又一個令人不可思議的商業奇蹟，硬是讓阿里巴巴從贏利一塊錢滾雪球般地滾到了每天納稅100萬元，甚至月入過億，還說「只是賺點零花錢而已」。

【馬雲 生意經】

許多人在創業的過程中有這樣一個習慣，那就是喜歡跟風，看哪個行業火熱賺錢就投入哪一行。而馬雲就不願意去模仿那些已經成熟的企業的做法。他認為：「在商業做法上盲目模仿大公司，是不少創業者都容易犯的一個錯誤。那些知名企業在成名之前是什麼樣的你知道嗎？他們是怎麼積聚自己的能量，才有了今天的成就？簡單模仿不但不能獲得同樣的成功，還有可能南轅北轍。」而且知名的熱門行業正是因為太熱，讓大家都趨之若鶩，紛紛投入其間，結果導致「同質化」的現象愈來愈嚴重。錢變得愈來愈難賺，熱門終會不熱。

俗話說條條大路通羅馬，創業的途徑也是這樣，從馬雲在冷門市場中獲得成功的故事或許可以給我們留下若干的啟示：當別人都在做同一樣事時，我們是不是要冷靜一下頭腦不要蜂擁而上？當別人都不願意做某件事情時，我們是不是要多一分思考，從中找到適合於自己的創業機遇？

愈來愈多的人在選擇創業項目時，趨向於獨闢蹊徑的尋找一條屬於自己的創業之路。其實，只要善於觀察，多動動腦筋，多到市場上去走一走，市場中存在的冷門還是很多的。在目前受金融危機影響的市場經濟條件下，生意變得比以前難做，創業的難度也在加大，如何在競爭激烈的環境下分得一杯羹是擺在每一位創業者面前的問題。

每個人都渴望成功，創業的道路上我們不但要學會走直道，還要學會拐彎，冷門生意裡照樣有大文章。只是需要你先別人一步發現市場，把袋裡有限的資金花到點子上，減少風險，將冷門「炒熱」，希望所有獨具慧眼的創業者一舉成功。

社會大學是創業者最好的大學

創業者書讀得不多沒關係，就怕不在社會上讀書。創業者最好的大學就是社會大學。我在社會創業大學學的東西比別人更多，但是學習一定要總結，不總結也不行。

創業者最好的大學就是社會大學。為什麼這麼說呢？先看一個例子。

馬雲創辦海博翻譯社以後，聘請了一個女孩子負責收銀。那一年的9月10號教師節，是馬雲的生日。當天，生意出奇地好，大家都忙得暈頭轉向，馬雲估計算算那一天的營業額大概是一千一百塊錢左右。但隔天早上，算帳一看，只有四百多塊錢。他當下就覺得奇怪，這錢到底跑哪去了？於是就查帳，一查就發現，不得了，這個女孩子每天都從抽屜裡抓個一兩百塊錢回去，而三、四個月過了，馬雲竟然都沒有發現。這是誰的錯？

事後，馬雲總結說：「是我們的錯，是制度的錯。一個不好的制度會把優秀的員工變成壞員工。創業者很容易犯的錯誤就是抓大放小，想的都是公司將來發展之類的大內容，卻沒有想到四、五個人的公司也需要制度和管理。」

經此一事，關於如何管理公司，馬雲又長進了一步。而這些內容，創業者是永遠不可能從學校裡學到的。

「我跟其他的互聯網菁英不一樣，從小就沒有生活在頂尖的那部分人當中。我沒有上過任何一所名牌學校，我的小學念了7年，全班參加重點中學考試，卻沒有一個通過，畢業後沒有任何一個中學肯接收我們，最後教育局只得把我們強制分配到各個中學。」

就是這樣一個普通的小人物，卻憑藉著他個人的智慧造就出了影響全球經濟的阿里巴巴帝國。他是如何做到的呢？

回顧他以往的經歷會發現，他的知識與智慧是伴隨著他從小走街串巷而在社會中學習得來的。

時光撥回到改革開放初期，杭州出現了國門大開之後的第一批外國遊客。十二、三歲的小馬雲，天天清晨5點，就騎車45分鐘，到外國人所住的香格里拉飯店門口等他們，他不是為了看熱鬧，而是為了給他們免費當導遊，為了練習英語。馬雲的那一口流利的英語就是在社會中自學得來的。那8年學習英語的經歷深深地改變了他。外國遊客帶給他的知識和從老師、書本上學到的很不一樣，他開始比大多數人更具全球化的視野。

如今的馬雲說：「誰是你的競爭者？傳統思維，傳統文化。所以你要花很長的時間去傳達一種對現代生活的理解。15年前我做互聯網，做電子商務，很多人覺得怎麼會有人在網上買衣服，現在愈來愈多……」而這一切都是發生在社會上的事。所以，跟上時代的腳步，在生活中經歷種種，並不斷學習、總結，是創業者隨時隨地都要做的事。

【馬雲 生意經】

從學校畢業以後，你的學生生涯就此結束了嗎？

當然不。學習才剛剛開始。

只要你踏入社會，便一定是這所學校的學生。這裡沒有教室，沒有固定的老師，沒有人會來點名，也沒有學分，更沒有畢業證書，有的只是一場又一場的考試——現實社會的磨練！

一般學校學到的知識是系統的、專業的，然而，真正靠純粹的知識為生的人畢竟是極少數。只有經受過社會大學磨礪的學生，才會不斷進取，適應社會環境，成為真正合格的社會人。

1979年，剛剛在社會大學裡學習英語的馬雲，遇到了一個來自澳大利亞的家庭，這家有兩個小孩，他們一起玩了三天，後來變成了筆友。「1985年，他們邀請我暑假去澳大利亞玩，我7月份去了那裡，住了31天。在出國之前，我以為中國是世界上最富裕、最幸福的國家。但當我到了澳大利亞之後，才發現以前的想法並不正確。」

正是因為有了那樣一段跟社會大學裡的外國人交流的經歷，給馬雲帶來了截然不同的思維方式，開拓了他的見識，使得成年後的馬雲顯現出過人的胸襟與視野，也為他日後創造大事業建立了個人魅力基礎。

所以，在社會這所大學裡，它會鞭策你不斷學習，幫助你認識人性，建立自己的人生觀，充實你的生存條件，增進你的人際關係，忍受挫折與失敗。只有那些逆風而進、不畏艱苦的人，才會在這所大學學到真正的東西，才會有所收穫。就像作家趙美萍（大陸作家，僅小學畢業，其傳奇般的人生奮鬥經歷曾為大陸媒體廣泛報導）曾說過一句話：「雖然我沒有進過大學深造，但是，社會也是一所大學，我的經歷就是一筆旁人無法能及的財富。」

我一直堅信，這個世界上比你能幹，比你有條件幹的人很多，但比你更想幹好這件事情的，全世界應該只有你一個，這樣你才有贏的機會。

創業前，先學習如何失敗

100個人創業，其中95個人連怎麼死的都不知道，還有4個人是你聽到一聲慘叫，他掉下去了；剩下一個可能不知道為什麼還活著，但也不知道明天還活不活得下來。

馬雲認為：「創業者應該多去看別人失敗的經歷，成功的原因千千萬萬，失敗的原因就這麼幾個。」

「創業者去看別人失敗的時候，要仔細觀察自己是否有犯同樣的錯誤，下次，如果自己遇到，是否應該倒過來做？而看人家成功以後，你千萬不要以為可以去模仿，後果可能是死得更快。很多人覺得藉著這塊石頭，成功是這麼爬上去的，以為自己也可以爬，但事實是也許你的腿勁不夠，也許哪一天，那塊石頭剛好鬆了，那你就慘了。很多失敗的人，就是因為那一念之差。這一念之差，你記住了，你學到了，將來走過這個地方的時候，你就懂得繞過去。」

「天下所有的陷阱都是差不多的，無非是貪婪，無非是對人的關係，無非是在過程中，你做了不該做的事，這些東西請大家去多學習，多看，去學習那些失敗的經驗以後，不僅不會讓你的膽子更小，更是讓你的膽更壯。」

馬雲曾說創辦阿里巴巴以來，最讓他感到驕傲的事情不是取得了什麼成績，而是這麼多年了，他們堅持活了下來。「創業是一個不斷碰到災難與挫折的過程，且絕大部分災難與挫折，你自己不會知道是怎麼碰上，走出來之後，也不會知道是怎麼走出來的。很多人告訴你，當時是做了這樣那樣正確的決定，才讓你走出了困境。其實有的時候，運氣也很重要。」

或許是時刻都有這樣的危機感，馬雲自嘲說：「創業的人因為壓力太大，不是太胖就是太瘦。」而他自己更是直言：「阿里巴巴的結果，一定是失敗。因為每個企業從誕生的第一天開始，就注定走向死亡。他的責任，無非是把通往死亡的路拉得長一點。」無論企業發展多大，面臨的危機永遠是生死問題。

「不是人人都能成為比爾．蓋茲，能成為蒙牛（位於內蒙古，是中國生產乳製品的領頭企業之一）」，馬雲告誡創業者說，「100個人創業，其中95個人連怎麼死的都不知道，還有4個人是你聽到一聲慘叫，他掉下去了；剩下一個可能不知道為什麼還活著，但也不知道明天還活不活得下來。」

對於馬雲來說，創業過程中，任何的成功與失敗，都是他最想要的東西，他覺得那是人生最大的財富。所以，有時候，做某些事情或者決定可能會失敗，他也願意去嘗試。他覺得：如果把麻煩一個個解決掉往前走的話，是人生的一種經歷。如果不幸失敗了，也是一種經歷。「創業者要有經歷，人這一輩子不會因為你做過什麼而後悔，很多時候，當你年紀大了再回過頭去看，反而會因為你沒做過什麼而後悔。所以，創業者永遠不要懼怕失敗，且從創業的第一天起，就應該知道自己在走的是一條曲折的路，而這是一筆財富，這樣的一個認知會讓一個創業者的心態永遠保持平衡。」

【馬雲　生意經】

當今形勢，就業不易，創業成為當下最流行的字眼，但背後卻有著太多的不易，失敗隨處可見，馬雲自己亦是經歷了多次創業失敗，才迎來了成功。創業失敗並不可怕，可怕的是不去堅持，不從失敗中總結。借鑑別人的創業之路，多學習別人的創業失敗案例，那麼，自己的創業也會平坦許多。

馬雲曾在鄭州當著3000多名年輕人的面講述自己的創業經歷，他說：「別人失敗的創業經歷是寶貴的，創業時，要多學習別人失敗中的經驗。」他認為，失敗的原因都是由欲望、貪欲引起，他告訴所有創業者，多花時間看別人如何失敗，學習別人失敗中的經驗，說自己創業過程一帆風順的傢伙都是瞎扯。

想像一下，狂熱地投入創業熱潮的人，義無反顧地把大筆大筆的錢投入到新創的事業當中，不僅花光了所有的積蓄，而且還不惜負債累累，直至身無分文，宣告破產。他們痛心疾首、困惑茫然、失落無助、驚悚不安，是從此一蹶不振還是重新躍起，從頭來過？

總有這麼一些人，他們在面對每一次沉重打擊之後，都能硬撐下來，就像馬雲，不論是當初將中國黃頁讓給杭州電信，還是將國富通讓給政府，他都坦然地承受自己的失敗。儘管，失敗會折磨創業者的心志、毀損他們的身體，但一切都是暫時的。

堅強的受挫者，很快就能恢復過來，並且把失敗的經歷轉化為成功的契機，如教育學者朱利安・A・斯登所說的「逆境乃力量之源」。唯有在失敗中摒棄過自己，放棄過自己，然後重新站起來，以更強大的力量找回自己的人，才能有所為。所以，想要創業的人，去學習別人是怎麼失敗的吧，真正的成功學是用心感受出來的。

想賺錢的人，得先把錢看輕

對一個創業者而言，賺錢僅僅是結果，而不是目的。建一個公司的時候要考慮有好的價值才賣。如果一開始想到賣，你的路可能就走偏掉。

這個世界上小聰明的人很多。有一次，馬雲在上海五星級波特曼酒店宴請一位重要客戶，當時一位高大英俊的小夥子端著盤子進來服務，看到馬雲說：「啊呀！我認識你，我用你們阿里巴巴的支付寶分期付帳，仔細算了一下，可以省下一毛二分錢的利息呢！」馬雲當時就想：「這夠聰明了吧！如果他不是這麼聰明，這麼帥的小夥子也早該是酒店經理了。」

馬雲說：「世界上最愚蠢的人，就是自以為聰明的人；同樣，最想自己發財的人，往往也發不了財。要想真正發財，先得將錢看輕，小聰明不如傻堅持。」就像他當初做翻譯社的時候，連連虧損，同事們紛紛勸他放棄改行做可以賺錢的小商品批發，如果不是他的堅持，如果因為一時的貪念，放棄了翻譯社，那也就不會有後來在互聯網上叱吒風雲的馬雲。

回想阿里巴巴剛剛起步之時，異常艱難，員工中的很多「聰明人」選擇退出，離開公司去創業，最後真正成功的沒幾個，倒是一直留在公司「沒地方去的那些不聰明的人」，隨著互聯網的迅猛發展，收入愈來愈高。所以馬雲感慨說：「有時候小聰明還真不如傻堅持，吃得了苦，守得住寂寞才能成大器。」

在馬雲的經歷中，不想要錢，最終卻得了大錢的例子，最經典的就屬他與孫正義（韓商日本人，日本軟體銀行集團：簡稱軟銀，總裁）的那次談判了。馬雲見孫正義當天，連基本的西裝都沒穿，他從心裡面就從來沒有想過要錢，覺得只是大家聊聊而已。見了孫正義，他花了五、六分鐘時間，簡單地說了下自己的手上正在做的事。孫正義直接問他：「你要多少錢？」馬雲說：「我不要錢。」孫正義說：「要錢的。」然後教馬雲怎麼花錢花得快。最後，他說：「馬雲你拿四千萬美金吧！」馬雲一聽，嚇一跳，立刻拒絕。因為他最多只管過兩百萬人民幣。兩人一來二去，討價還價。最後，聲稱不是去要錢的馬雲，卻用六分鐘的時間，背了兩千萬美金回阿里巴巴。有了這筆錢，阿里巴巴如虎添翼，從此，聲勢大增。

【馬雲　生意經】

創業需要什麼？除了項目、團隊、天時地利人和等因素外，最需要的就是啟動資金，說白了就是錢。有多少人在創業過程中因為資金問題，而讓自己的創業夢扼殺在搖籃中。所以這個階段說不想錢並不切實際，但是在事業的發展過程中，如果一切向錢看，過分的鑽進「錢」眼裡，就可能成為唯利是圖的「奸商」，在以後的發展上也很難取得更大的突破。

在某次香港菁英會舉辦的「菁英論壇」上，馬雲談到如何看待財富的問題時表示：「不要把錢看得太重要，而是要將錢看『輕』，一個人頭腦裡面老想錢，那他成不了大事。」就拿當年軟銀的孫正義要給馬雲4000萬，但馬雲卻拒絕，最終只要了2000萬的例子來說。從4000萬到2000萬，整整減少了50%。不明就裡的人會說馬雲傻，送上門的錢都不要。但馬雲清楚：「風險投資的錢不是白白送給你的，投入的錢愈多他所佔有的公司股份就愈多。」就因為他的理智和堅持，才使得阿里巴巴把更大的股份牢牢把握在自己手中。當初那一刻，如果換成是一個只貪圖眼前錢財利益的人，那麼今日的阿里巴巴還會是馬雲們的嗎？

還有向來免費的淘寶網，每天都在賠錢。而如果淘寶不是這樣燒錢，當初它打得過eBay易趣嗎？它還會是今日中國C2C的No.1嗎？如果剛推出淘寶就收費，淘寶網還能取得像今天這麼多的客戶的使用和認可嗎？最重要的是龐大的客戶群不就是一筆巨大的無形財富？所以，創業者千萬不要陷入「唯利是圖，唯商是舉」的狹隘境地，應該正確看待「錢」的問題，搞清楚創業與經商的區別，把目光放遠，才能成就大事。

堅信自己在做什麼

那時候，很多人都說，如果阿里巴巴能成功，無疑就把一艘萬噸輪抬到喜馬拉雅山頂峰上面，我跟我的同事說：我們的任務是把這艘輪從山頂上抬到山腳下。別人怎麼說，沒辦法的事兒，但你自己要明白，我要去哪裡，能對社會創造什麼樣的價值。

馬雲做互聯網最初的構想是：「自己在國內向企業收錢並把企業的資料收集起來，翻譯成英文，快遞到美國，然後再讓美國的朋友做成網頁放到網上。以此來搭建一個向世界宣傳中國企業的機會。」

當初，他並不清楚知道自己的中國黃頁會朝著哪個方向走，他只是知道自己做的這個東西一定有用。然後他在朋友的一片反對聲中，成功地在這個行業愈行愈遠，愈攀愈高。

到後來的阿里巴巴，馬雲提出了獨特的 B2B 商業模式，從它成立的第一天起，一樣備受質疑，一路被罵過來，都說這個東西不可能。那時候，很多人都說：「如果阿里巴巴能成功，無疑就把一艘萬噸輪抬到喜馬拉雅山頂峰上面。」而馬雲就跟他的同事說：「我們的任務是把這艘輪從山頂上抬到山腳下。」

「別人怎麼說，沒辦法的事，你自己要明白，我要去哪裡，我能對社會創造什麼樣的價值。我們希望創造一個真正由中國人創辦的全世界感到驕傲的偉大的公司，那是我的夢想和我們這一代人的夢想。」

在互聯網最寒冷的冬天，2001年、2002年的時候，馬雲回憶說：「從95年開始創業，我已經吃了六年的苦，六年來碌碌無為犯了許多的錯誤，沒辦法，後面六年只能繼續幹下去。即便是再吃六年甚至是十六年的苦，也一定要把它做出來為止。」結果是不被大家看好的B2B模式使阿里巴巴成為中國互聯網上第一個盈利的企業。

在eBay與易趣兩強聯合，佔領了中國80%以上C2C市佔率的時候。馬雲宣佈進軍C2C領域，打造淘寶網。這種「螞蟻」挑戰「大象」的行為，再一次讓人大跌眼睛。結果是在人們懷疑的目光中，eBay選擇退出。「投錢給我的創投基金，說第一天開始已聽不懂我的話，但還是每年投錢進來，現在他們都說：『Jack，我不跟你吵，你去幹吧！』我跟公司的COO（首席營運長Chief Operation Officer）也是吵了6年了。每年我們打賭1萬元看我說出的話能否做到，結果第7年他就不跟我吵了，也不再跟我打賭了。」

馬雲用事實證明了自己的正確，用實實在在的成績使投資商和同事心服口服。回顧以往的經歷，馬雲認為一定要堅信自己是正確的。在這一點上，馬雲對年輕人的建議是這樣說的：「人必須要有自己堅信不疑的事情，沒有堅信不疑的事情，那你不會走下去的，你開始堅信了一點點，會愈做愈有意思。」

【馬雲 生意經】

任何一個人，當他深信自己的時候，他是抬頭挺胸、昂首闊步，奮力前進的，在他的心裡會有很多的潛台詞在不斷地鼓勵自己，比如「我是最棒的」、「我行」、「我一定能達成目標」、「我會出色圓滿地完成任務」、「這點挫折算什麼」……。

人的思維會制定出種種理論，然後用相應的行動去證實潛意識裡的這個想法，於是，事情就按照這樣積極的方向行進，成功指日可待。

但很多的創業者每天都想這個條件不夠，那個條件沒有，這個條件也不具備，該怎麼辦？當然是自己創造條件。如果各種機會都成熟了的話，還輪得到你嗎？

阿里巴巴做電子商務的頭幾年，一直承受著各種各樣的批評，不是說中國沒有誠信體系不適合做電子商務，就是說沒有銀行支付體系，基礎建設也非常差，在一般人，這些指責每一條都足以說明中國不適合做電子商務這個「事實」，馬雲說：「那你說我怎麼辦？等待機會？等待

世界上最愚蠢的人，就是自以為聰明的人；同樣，最想自己發財的人，往往也發不了財。要想真正發財，先得將錢看輕，小聰明不如傻堅持。

別人來？等待國家建好？等待競爭者進來？」當然不是。

馬雲堅信自己所做的，並為此積極行動起來。「如果沒有誠信體系，我們就創造一個誠信體系，如果沒有支付體系，我們就建設支付體系。只有這個樣子，我們才有機會。阿里巴巴的經歷告訴我，沒有條件的時候，只要你有夢想，只要你有良好的團隊堅定地執行，你是能夠走到大洋的那一岸。」馬雲如是說。

如馬雲般堅信自己在做什麼是自信的一種表現，而自信是對自我能力和自我價值的一種肯定。有自信，才會有成功。美國作家愛默生也曾說過：「自信是成功的第一秘訣。」

創業要找最合適的人

創業不一定要找最成功的人，但一定要找最合適的人。因為原先做得愈好的，到你的小公司愈容易出問題。這就好比拖拉機裡裝了一個波音747發動機，會把你的企業帶壞。

馬雲認為：「創業一定要有一個優秀的團隊，沒有優秀的團隊，光靠夢想者一個人單槍匹馬不行，而邊上都是替你打工的也不行，他們必須為了夢想和你一樣瘋狂熱情，才能把夢想做出來。」馬雲在創業之前，身邊就聚集了這樣一幫「夢之隊」。那麼創業者該如何挑選合適的人來一起創業呢？

在參加《贏在中國》節目時，馬雲曾說：「不要把一些成功者聚在一起，尤其是那種35歲、40歲已經有錢了的這些人，他們已經成功過了，所以想再在一起創業會很難。」

在創業之初，馬雲首次獲得了500萬美元的風險資金，他用這筆錢做的第一件事情，就是從海外引進大量的空降兵，尤其是大量的MBA。「但後來發現，這些海歸根本就無用武之地，這就好比『把飛機的引擎裝在了拖拉機上』，引擎一開，拖拉機就四分五裂，而且這些高學歷的MBA的基本禮節、專業精神以及敬業精神都很讓人不敢苟同。」最後，馬雲把95%的人都給開除了。經此教訓，馬雲意識到，適合自己企業的人才還是得自己培養。此後，他開始注重培養內部人才，像孫彤宇就是他當初重點培養的本土人才之一。

當年，馬雲在打造淘寶網團隊的時候，曾問孫彤宇：「淘寶什麼時候能夠打敗競爭對手？」孫彤宇當場立下了3年的軍令狀。馬雲意識到，這個傢伙雖然現在還只是個小嘍囉，但他有氣魄敢擔當，頗有大將之風，日後能成大事。於是，馬雲把打造淘寶網的重任交給了他，希望他能把淘寶辦成一個和世界頂級公司eBay競爭的C2C公司。不久，又任命他為阿里巴巴的副總裁。而事實證明，孫彤宇相當出色，沒有辜負馬雲交給他的使命。他只用了兩年的時間，就帶領淘寶軍團將對手eBay這個「巨無霸」踢出戰局！

另外，馬雲亦提倡創業者要給應屆畢業生一個機會，因為這些「缺乏工作經驗，沒有社會閱歷，滿身『學生氣』，浮躁，一天三個主意，一年換三個工作」的年輕人，正因為他們是一張白紙，其實更容易接受新事物，成才機率相對比較高。

所以，「如果一個年輕人今天和你說他要做什麼，3年後依然說他要做這個，而且堅持在做，那你就一定要給這個年輕人一個機會。」馬雲說。

【馬雲 生意經】

有的創業者，在奮鬥的過程中，能夠將公司愈做愈大，而有的創業者卻把公司經營得奄奄一息，一天不如一天，其中很大一個原因就在於是否使用了最適合的人才。「崗位當中做得最好的人不一定是最好的合作創業者，與那些沒有成功卻渴望成功的人一起合作是最合適的。」這是馬雲的觀點。鞋太小了夾腳，太大了會掉，只有尺寸合適才會感到舒適。最合適的人才就是最好的。

而在實際的操作中，許多企業的領導者總是希望自己招收到最好最全能的完美人才。其實，有時候，最好的人才並不是最適合自己企業的。而最適合的人才往往是要自己量身打造的。所以，創業老闆不要奢望有完人。每個人都有缺點，人才也不是天才，要以發展的眼光看人才。判斷人才的基準是看他的工作成效。而這往往要考驗創業者自己的眼光，因為只有把人才放在最合適的崗位上，「賢者在位，能者在職」，使人才互補，才能產生工作效率倍增的作用。

最合適的人才就像合腳的鞋子。馬雲正是堅持了「創業要找最合適的人」的原則，才打造出了一支執行力非常強的團隊。一支高手雲集、人才濟濟，目標一樣、夢想一樣、熱情一樣的團隊，成為阿里巴巴戰無不勝的中堅力量。

永遠不要忘了最初的夢想

永遠不要忘記自己第一天的夢想！只要不忘記自己第一天的夢想，始終沿著最初的目標走下去，就會距離夢想愈來愈近。

在成功創辦阿里巴巴之前，馬雲曾經創業過四次。第一家公司是1992年，做海博翻譯社。他們滿懷信心地開始做生意。結果，第一個月的營業額不到六百元，光房租是一千五，還不包括所有的薪資，勉強維持到第三個月幾乎快撐不下去。到了第四個月他們就另想辦法填補虧損。經過一翻調查，他們發現賣鮮花賣禮品可以賺一點錢，於是，馬雲自己坐著火車，從杭州到義烏小商品市場去進貨，凡是有贏利價值的小東西，都給背回來。海博翻譯社為此被一切為二，一半留在翻譯社，一半留著賣禮品，然後他們發現賣禮品倒是一個月可以賺三、四千塊，而翻譯社一個月的營業額加起來是四、五百塊錢。這時候，抉擇就出現了。內部開始討論，既然禮品能賺錢，那要不要乾脆就開禮品店？

最後，馬雲問了自己一個問題：當初，為什麼要成立海博翻譯社？是為了賺錢還是為了解決找翻譯和那些老師的問題？回想了一遍最初的夢想，後來他還是選擇了做翻譯社。

馬雲說：「很多公司在創業過程中都會出現這樣的問題，碰上新的機會，就迷失，不知道該如何做選擇。」馬雲也一樣，在一路創業的過程，也時常要做痛苦的抉擇。比如，阿里巴巴集團收購雅虎中國後，馬雲對雅虎中國進行了一連串的整合，將其業務重點重新轉向了搜索領域。

於是問題又出現了，他們自己也在思考：「為什麼要收購雅虎搜索引擎呢？是希望成為跟現在的 Google、百度一樣的搜索門戶嗎？答案是否定的，阿里巴巴從第一天起要做的就是電子商務服務，那麼為什麼不返回到電子商務的軌道上？」這樣沉靜下來一想，他們就知道自己新產品的定位了：「不需要做得很快，但必須做得很好，必須做得對中國的網友和電子商務真正有用。」

「如果沒有搜索引擎的幫助，我們的電子商務就很不完美。」馬雲這樣說。當然，在電子商務這條道路上，阿里巴巴要走的路還很長很長。「但我們絕不會忘記我們第一天的夢想！」這就是馬雲的態度。

【馬雲　生意經】

馬雲認為：「在創業的過程中，相信任何一家創業公司都會面臨很多的抉擇和機會，在每個抉擇的過程中，你是不是還是像第一天初戀那樣記住自己第一次的夢想，至關重要。在原則面前，你能不能堅持？在誘惑面前，你能不能堅持原則？在壓力面前，你能不能堅持原則？最後想清楚要幹什麼，該幹什麼以後，再問自己：我能幹多久，我想幹多久，這件事情該幹多久就幹多久。」

他在《贏在中國》現場曾經這樣點評一個參賽選手：「人不能沉浸在自己所謂的成功裡面。所以我給你一個建議，人永遠不要忘記自己第一天的夢想，你的夢想是世界上最偉大的事情。」

其實，很多人都一樣，在創業之初，都有美好的夢想，但是走著走著就發現自己都忘了第一天想要幹什麼了。阿里巴巴從創業的第一天起就夢想著要成為全球十大網站之一，讓全世界每個商人都用阿里巴巴！即便在2001年，互聯網的冬天，在其他同行紛紛收手轉行另尋它夢的時候，馬雲依然告訴孫正義說：「一年以前，我是這個目標，現在我還是這個目標，唯一區別的是我往前稍微挪動了一步，但方向我們一直沒有變過。」也正是有了他那股在任何情況都不忘記自己最初夢想的執著，支撐著他走過了互聯網的冬天，最終迎來了事業的春天。

最大的失敗是放棄

今天很殘酷，明天更殘酷，後天很美好，但是大多數人死在明天晚上，看不到後天的太陽。

創業從來就與困難相連，那些創業成功的人士背後，誰沒有一個個充滿辛酸與淚水的故事呢？阿里巴巴這個為全球中小企業服務的電子商務平台，並不是生來就是這麼偉大的夢想，用馬雲的話說，就是：「理想跟男人的胸懷一樣，是一步步被撐大的。」

馬雲的第一份互聯網事業——中國黃頁上線以後，為浙江省外宣辦做了一個網站，在網上宣傳浙江的經濟文化，當地媒體以中國最早的政府上網工程為題大篇幅報導，文章中稱：「為金鴿工程下一步的技術問題，總經理馬雲已飛赴美國……」杭州出名之後，馬雲又進京，透過各種途徑為進一步在全國成名做努力。

「我首先花了三萬元找媒體，請了當時京城各大媒體30多位編輯記者，向他們做了一次互聯網的宣講。因緣際會，因為那次演講竟然就認識了《人民日報》發展局的局長。末了，局長請我給《人民日報》處以上幹部講一次 Internet，結果，我給《人民日報》講了兩次 Internet，並參與了《人民日報》上網的框架構思。」

此後，馬雲愈來愈有名，中國黃頁愈做愈大，引起杭州電信注意，對方也做了一個中國黃頁，網域名稱是：chinesepage.com，分食馬雲的市場。兩家人拼了一陣，見都滅不了對方，於是決定合併。但雙方經營理念不同，馬雲和杭州電信合作並不愉快，最後，馬雲選擇退出，這是他的第一次失敗。但這段經歷為日後做阿里巴巴累積了寶貴的經驗。

此後，得到外經貿部進京成立中國國際電子商務中心（EDI）邀請，馬雲興奮地從杭州帶了一幫兄弟北上，幾個人租了一個小房間，連續苦幹了15個月。「外經貿部官方站點、網上中國商品交易市場、網上中國技術出口交易會、中國招商、網上廣交會和中國外經貿等一系列網站全做了出來。此時，互聯網愈來愈為人所知。在全國的互聯網都在燒錢的時候，我們的網路淨利潤做到了287萬元。」

但是馬雲的辛苦付出並沒有得到相應的回報，且經過這些年的歷練，馬雲的互聯網之夢已經有了更明確的定位，而這與體制內的頭兒們的想法有差。「當你不能改變別人時，只有改變自己。」於是，馬雲再次離開，選擇重新開始。那又是一次痛苦的決定，但是馬雲並沒有放棄互聯網之路，先前藉助外經貿部平台，認識了楊致遠，結交了廣泛的外貿關係。名有了，關係有了，方向有了，資源有了，於是，有了阿里巴巴的誕生。

馬雲說：「創業的時候，我的同事可能流過淚，但我沒有，因為流淚是沒有用的。創業者沒有退路，最大的失敗就是放棄。我永遠相信只要永不放棄，我們還是有機會的。」

【馬雲　生意經】

「永不放棄」，已經是馬雲的人生信條之一。在他的人生中，經歷過數次的創業失敗，但他都沒有放棄，是那種只要打不死，就一定會站起來繼續戰鬥的倔強與堅強，才成就出了今天的他和他的阿里巴巴。

在2001年，互聯網的泡沫破裂，該行業形勢最困難的時候，孫正義在上海組織了自己在中國投資的幾十家公司的CEO會議。他給每個人十分鐘到十五分鐘的時間講他們的投資計畫。那時候，互聯網已經進入了冬天，馬雲是最後一個發言的，他告訴孫正義，不論多少互聯網同行倒戈了，他們仍然堅持原先的理想，只是不斷地在調整自己而已。

多年以後，馬雲回憶自己經歷過的種種困難時期，說：「在困難的時候，你要學會用左手溫暖你的右手。這是創業者必須要具備的一種心態，學會保護自己，盡自己哪怕最微薄的力量去面對創業中的種種艱難。」這麼多年來，他說他已經因為堅持，而經歷了種種痛苦，已經不在乎後面更多的痛苦了，「反正痛苦是來一個我滅一個。」

三、經營理念：

點擊，得到，讓天下沒有難做的生意

馬雲在做每一個決定之前，都會考慮到怎樣做才會使客戶的利益更大化。阿里巴巴的使命就是「讓天下沒有難做的生意」，「讓客戶賺錢」，「幫他們省錢和管理員工」。

馬雲說：「我們提出讓天下沒有難做的生意以後，就把這個作為阿里巴巴推出任何服務和產品的唯一標準。我們的工程師和產品設計師設計出新產品，我都會試用，如果我不會用，那天下百分之八十的人跟我一樣不會用，馬上撤掉。所以，我們都把產品做得非常簡單。讓客戶愈來愈簡單，把麻煩留給我們自己，我們要讓中小企業真正賺到錢。」

做中小企業的救世主

聽說過捕龍蝦富的，沒聽說過捕鯨富的。

在阿里巴巴創立之前，已在互聯網行業拼搏多年的馬雲發現在市場經濟成熟的美國，各行各業前三名的大公司掌握著絕大多數的市場和資源，基本上所有的電子商務都是為這些大公司服務。而中國的企業99%都是中小型的，市場經濟環境與美國截然不同。為此，馬雲在「亞洲電子商務大會」上發言說：「美國是美國，亞洲是亞洲，我們不能照搬eBay、AOL、亞馬遜和雅虎的模式，亞洲80%是中小企業，亞洲一定要有自己的模式。」

他把大企業比作「鯨魚」，小企業稱為「蝦米」。那時候的他認為：「中國加入WTO只是時間問題，透過互聯網建立商務網站，可以幫助中國企業出口，也幫助國外企業進入中國；另外，中小企業和民營經濟是推動中國經濟高速發展的重要力量，中小企業使用電子商務是一種趨勢。」

基於這兩點考慮，1999年，阿里巴巴正式創立，便決定不抓「鯨魚」只抓「蝦米」。他說：「讓別人去跟著鯨魚跑吧」，並顛覆了所謂的「二八定律」，提出了「八二定律」：「為中國80％的中小企業服務」，美其名曰：「聽說過捕龍蝦富的，沒聽說過捕鯨富的。」

而事實證明馬雲對中國市場的分析無疑是正確的。世界需要中國這個潛力無限的大市場，而中國也需要世界。所以很快，隨著中國順利地加入世貿組織，勞動力發達的中國一下子就成為了世界的工廠，一時間「中國製造」風靡全球。相應的，以中小企業為主要服務對象的B2B模式火速竄紅。因為馬雲的遠見，阿里巴巴每年的續簽率達到75％。要知道中小企業的死亡率都可以達到15％，他們的續簽首先說明他們已經存活下來了。

創業幾年之後，阿里巴巴即成為全球企業間電子商務的第一品牌，也是全球國際貿易領域最大的網上交易市場和商人社區。資料顯示，透過阿里巴巴，數千萬個中小企業找到了生存發展的機會。

【馬雲　生意經】

商界有個著名的「二八定律」，也叫帕雷托法則。起源於19世紀末20世紀初，由義大利經濟學家帕雷托的研究發現。二八定律認為：「在任何一組事物中，最重要的只是其中一小部分，約佔總數的20％，其餘80％的儘管是多數，卻居於次要位置。」由此理論，在管理學上，便延伸出了80／20的定律，即：「一個企業80％的利潤來自20％的項目。」而在經濟學領域，大家做了進一步放大，形成了「世界上80%的財富集中掌握在20%的人手中」的共識。因此，像全世界公認的最善於經商、創造財富的猶太民族，早就有了世代相傳的經營秘訣：「做有錢人的生意。」

事實上，自以市場為導向的資本主義誕生以來，全球的經濟基礎幾乎都是建立在這個定律的指導之下。縱觀各行各業，受到重視的永遠是大客戶、大企業，而市場上大量存在的、散落於各個角落的中小企業，永遠是邊緣的散兵，成不了氣候，鮮有人問津。

然而，自從互聯網出現之後，人們又發現了新的商業規則，那就是「長尾理論」，而馬雲的阿里巴巴的出現，證實了這個理論的正確性。

他徹底改變了「二八」定律一統商業天下的格局。他逆向思維，極力推廣「八二」定律，他說：「中小企業才是電子商務的主宰者。」他用阿里巴巴幫助中小企業開創出新的事業格局，而他的淘寶網，則幫助廣大中小企業以及買家消滅了產品價格中的非產品性價格因素，比如商場鋪租、薪資、明星代言廣告費、跨國公司的高福利等等，把價格最實在的東西賣給了最大多數的人，間接促進了「八」的生長。他用事實證明，他的「八二」定律是正確的——在經濟體中，小企業也可以成為主角。

互聯網是一個工具

互聯網是個工具，它是幫助別人成功的，而並不只是自己的成功。

在建立阿里巴巴的時候，馬雲預測：「在互聯網時代，網路的大量即時性資訊使得中小企業輕易便能獲得更多的市場機會，所以一家中小公司要打入海外市場並不需要太多的資金，而這也意味著大公司模式的終結。」在其他人還沒有意識到這個動向的時候，馬雲就已經敏銳地捕捉到了這一資訊。因此，他想：「我為什麼不能給這些企業創造一個網路出口呢？」後來便有了專門為中小型企業服務的電子商務平台——阿里巴巴。

透過藉助互聯網這個工具，阿里巴巴創立了自己獨特的經營模式，即向全球買家展示中國企業，反過來亦向中國企業提供國際買家，這一做法使得中國企業迅速地向網路商務靠攏，以最簡便的方式為海外企業所熟悉。儘管中國的電子商務環境還存在著諸多不盡如人意的地方，但是阿里巴巴卻用符合中國市場情況的 B2B 商業模式，幫助許多在現實的商務環境中受限的中小企業，找到了走出困境的途徑。

在2004年9月阿里巴巴成立五週年時，阿里巴巴的戰略從「Meet at Alibaba」全面跨越到「Work at Alibaba」。馬雲為這個轉型做的解釋是：「『Meet』就是把客戶聚在一起，就像做水庫，如果養魚，沒什麼意思；如果做旅遊，還要花費水電。所以，『Meet』的錢都是小錢；『Work』則意味著水庫要鋪管道，把水送到家裡變成自來水，自來水廠賺的錢一定比水庫多。」馬雲希望：「藉助互聯網這個做生意的工具，每一個中小企業要找生意機會都可以像開水龍頭一樣方便。」

【馬雲 生意經】

互聯網的「互」就是互動，「聯」就是聯盟，互聯網就是一個強大的互動社區聯盟，阿里巴巴以此為網商搭建一個交流平台。在對阿里巴巴的發展目標上，馬雲一開始就定位要做和別人不一樣的企業。

所以，當中國互聯網上都在爭相效仿雅虎、eBay、亞馬遜，拷貝網上門戶、網上書市、網上拍賣的時候，馬雲卻另闢蹊徑，創造出了一種獨特的亞洲式、中國式的B2B網站。

因為他認為：「美國的三種模式都不適合中國，亞洲是最大的出口基地，中國99%是中小型企業。幫助中國企業出口，幫助全國中小企業出口是一個光明的方向。」且馬雲多年的從商經驗顯示：「要拜會一個大型國有企業的領導者面談13次才有可能說服他，而在浙江一帶的中小企業，去3趟就可以了。」這讓馬雲相信：「中小企業的電子商務更有希望，也更容易做。」

於是，當馬雲從新加坡回來時就決定：「電子商務要為中國中小企業服務。」可以說，這種以服務中小企業為主的模式也是阿里巴巴獨創的。

這一種新式的 B2B 模式，後來被國內外媒體、矽谷和國外風險投資家譽為「與雅虎、亞馬遜、eBay 比肩的互聯網第四種模式。」也正是在馬雲這樣的領導者的英明決策之下，阿里巴巴才能一直領跑在網路帝國的世界中，繼續著一個又一個的商業神話！

當然，隨著互聯網的發展日趨理性，企業在提供服務的同時，必須有效地細分市場，並將市場細分逐級深入下去，即在開拓自身領域的同時，延伸互聯網的應用服務，以求更好地滿足用戶需求和挖掘更多的新需求。

不論創業還是工作，最重要的是自己非常喜歡自己正在做的這件事情，因為太愛這件事情而去做，而不是因為別人一句話靈機一動就去做。你要想的就是怎樣把它做好，喜歡它，做夢也為自己做的事情……這樣，你才有機會。

做一家百年企業

我希望阿里巴巴能成為一家『百年老店』，並對人們產生一定的影響，就像通用電氣、微軟或 IBM 那樣。

馬雲說：「一個企業家和一個企業應該有一個夢想。」他自己的夢想很簡單，就是把阿里巴巴踏踏實實地做好，而阿里巴巴的夢想就是「要成為一家102年企業」。他說：「我希望阿里巴巴能成為一家『百年老店』，並對人們產生一定的影響，就像通用電氣、微軟或IBM那樣。至於能走多遠，第一天的夢想很重要，阿里巴巴第一天出來就是要走80年。後來我們又有明確的目標：要做102年。這個時期我想活100年，下個世紀我們再活2年。在102年之前任何一個時候我失敗了，就是我沒有成功。」

1999年，在阿里巴巴的第一次創業動員大會上，馬雲就提出「要做一家可持續發展80年的公司」。為什麼是80年呢？馬雲後來回憶說：「這個『80』是我拍腦袋說出來的。一是因為1999年的互聯網，很多人在公司上市8個月之後就跑掉，搞得全中國人民都認為做互聯網就是為了上市圈錢的。而阿里巴巴提出要做80年的企業，就是要讓那些心浮氣躁的人離開。二是因為中國人都喜歡講百年，而有八成中國企業的平均壽命只有6年到7年，有13年的很少，有18年的更少。然後我就想80年，已經長壽得像妖怪了。」

目標的改變源於馬雲的某次日本之行。去日本之前，馬雲覺得自己的公司已經很不錯啦，每個月的收入那麼高，利潤又那麼好，在中國，能有幾家上市公司能達到阿里巴巴這樣的水平？於是，不禁飄飄然。結果，到日本之後，他碰到了一位企業家，老先生帶他去參觀自家的公司。那是一家不起眼的公司，馬雲連它的名字都沒聽說過，叫Tomen（東綿貿易）公司。

那老先生向馬雲抱怨說：「今年，我們的生意不是很好，營業額不高。」馬雲順口就問：「營業額不是很好，是多少？」對方回答說：「200億。」馬雲又說：「200億日幣？」沒想到老先生說：「200億美元。」馬雲一聽，差點暈了過去。200億美元還說生意不是很好，這一比，差距就出來了。

他突然意識到：「如果真的希望成為一家國際性的公司，在你的腦子裡面如果連一億美元的營業額都沒有做到的話，那你連花生都不是。今天的阿里巴巴綠豆沒做到，花生更沒做到，它還只是個芝麻而已，所以現在賺的錢都是零花錢，未來還有很長的路要走。」自此，馬雲收起驕傲之心，讓自己忘掉一億的利潤，幾億的收入。

於是，在阿里巴巴5週年慶的時候，馬雲又提出了一個新的目標：「阿里巴巴要做102年的公司。這樣，誕生於20世紀最後一年的阿里巴巴，如果做滿102年，那麼它將橫跨三個世紀，阿里巴巴必將是中國最偉大的公司之一。」

【馬雲 生意經】

聖經說：「你定意要做何事，必然給你成就，亮光也必照耀你的路。」

那次日本之行，還有一個讓馬雲特別感慨的，就是日本街上那些多如牛毛的小餐館，很多店都告訴你：「我們這個店有七十多年的歷史了，那個店有一百三十多年了。」進去一看，就是賣一些小點心之類的。店主還很驕傲地說：「我們每年都要進貢給日本皇宮的。」馬雲忍不住想：「為什麼人家的企業輕易就能百年，而我們的企業就不行呢？我們到底缺了什麼？」所以他回國後提出了102年的目標。

目標設定以後，最難的是怎樣把目標實施起來。一年的目標和一百年的目標，考慮問題的角度是完全不一樣的。既然阿里巴巴設定了102年的目標，就要為這個目標設立相應的體系制度文化，需要做很多基礎設施的思考。

馬雲說：「阿里巴巴每年都在盤算著自己已經走了多少年，還有多少年，每5年考慮一個戰略，從現在開始，5年以內要做什麼，前三年做什麼。這樣一仔細規劃，再去看的時候，會發現員工的心態，包括自己對產業的看法都不一樣，反正要做102年，於是，每個人都會踏踏實實地沉下心來做事。」所以，一個遠大的目標有助於企業集中精力。

另外，當企業不停地在自己有優勢的方面努力時，這些優勢還會進一步發展，最終，當實現目標時，得到的收穫往往會出人意表。因為目標還能激發人的潛能。許多年前，有一條鯨魚突然死亡的報導，說是「鯨魚在追逐沙丁魚的過程中，不知不覺地被困在了一個海灣裡。」

有人這樣評論說：「這些小魚把海上巨人引向了死亡。鯨魚因為追逐小利而慘死，為了微不足道的目標而空耗了自己的巨大力量。」

這就像沒有目標的人，他們像故事中的鯨魚一樣，擁有巨大的力量與潛能，但他們卻把精力浪費在小事情上，以至於忘記了自己的本意。如果他們能有一個遠大的目標，然後全神貫注地把自己的優勢發揮出來，結果一定不會是慘死的下場。

一個企業能走多遠，設立目標很重要。就像你無法從你從來沒有去過的地方返回一樣，沒有目的地地行走，你就永遠無法到達。

策劃可以贏得優勢，但一定不是成功的理由

一個企業可以靠策劃贏得優勢，但一定不是靠策劃而成功。成功的企業一定是靠產品、服務的完整體系。

「一個企業可以靠策劃贏得優勢。」的確，企業可以透過策劃來提高市場佔有率，如果是一份創意突出，而且具有良好的可執行性和可操作性的企業策劃案，無論對於企業的知名度，還是對於品牌的美譽度，都將產生積極的提高作用。但它卻不是企業成功的理由，那馬雲以及他的阿里巴巴是如何成功的呢？

馬雲認為：「做一件事情要想成功，至少要有四個因素：第一是堅信，就是『我相信』，『我們相信』；第二是堅持；第三，學習；第四，做正確的事和正確地做事。」也正是這四個關鍵字，使阿里巴巴走到現在。

馬雲說，他從創業之初就堅信電子商務一定會走出自己的一片天地。「堅信互聯網會影響

中國、改變中國；堅信中國可以發展電子商務；也相信電子商務要發展，必須先讓網商富起來。如果說當時我就知道自己電子商務能夠發展成今天的規模，那我肯定是在吹牛。但是我相信它會發展。而且我一直堅持著。」別人都不看好互聯網的時候，他堅持；別人遇見互聯網的冬天就立刻倒戈，另找山頭，而他即便是跪著活也要堅持。當自己對一件事情，堅信不疑的時候，你就有走下去的動力，然後會覺得事情愈做愈有意思。

除了「相信自己」和「堅持」之外，學習能力也是馬雲不斷取得成功的原因。馬雲認為，學習是最主要的，他和阿里巴巴就是邊學邊做走到現在。誰都不是天生的 CEO，馬雲和很多人一樣也是在學習中成長起來的，「中國經濟、世界經濟、互聯網加上我們的年輕，如果我們不學習，不成長，我們對不起自己，也對不起這個時代。作為一個領導者，必須擁有眼光、胸懷，眼光就是多跑多看，讀萬卷書不如行萬里路。人要學會投資在自己的腦袋、自己的眼光上面。你每天旅遊的地方都是蕭山、餘杭（兩地都在浙江杭州），你怎麼跟那些大客戶講，世界未來發展是這樣子的。你把旅遊計畫放到日本東京去看看，去紐約看看，去其他地方看看，全世界看看，回來之後你的眼光就不一樣。人要捨得在自己身上投資，這樣才能轉給客戶。」

最後，成功還需要選擇好正確的方向，「如果方向選錯了，你做得愈好，死得愈快。」馬雲慶幸阿里巴巴選擇了一個正確的方向——電子商務，互聯網這個方向。「但是方向對了，做錯了，也不行。」

也正是因為馬雲的自信，堅持，不斷學習以及選擇了正確的方向，才讓阿里巴巴這麼多年，始終如一地站在客戶的角度出發做事，為客戶提供實實在在的服務，同時驗證了成功的企業一定是靠產品、服務的完整體系走出來的。

【馬雲　生意經】

企業可以透過策劃，把想要表達的東西向客戶說得明明白白。一個好的企業策劃，能夠激發品牌在群眾中的美譽度，如果策劃出來的活動，本身具有一定的新聞價值，還能夠在第一時間傳播出去，引起公眾的注意。迴響好，還可以進行二次傳播，這樣企業策劃的影響就被延時。但是，想僅僅透過一些策劃方案，就為企業取得成功，那無疑是天方夜譚。

許多人問馬雲：「很多其他的企業家以及企業也具備了跟馬雲和阿里巴巴同樣的素質，但為什麼不如馬雲成功呢？」

馬雲回答：「很多人都非常聰明，比我聰明，也非常努力，但為什麼我成功了？我認為是堅持。很多聰明人想得太多，要不是跑了，便是做到一半自己去創業。我認為一個成功的公司，一定要有一個忠誠的團隊一起往前走。公司一定要有貫徹上下的共通價值觀、有明確的目標和方向，領導者還要有很強的使命感。我們的價值觀很清楚，就是阿里巴巴是問客戶第一的公司，員工必須有誠意、有熱情，我們甚至明定了公司的價值觀，定期考察，確認員工融入了企業文化。統一的價值觀、使命感，還有共同的目標，才是讓阿里巴巴走到今天的重要原因。」

最優秀的模式往往是最簡單的東西

最優秀的模式往往是最簡單的東西。我們最怕一個人說我有機會生一個蛋，這雞說不定會變成奧斯卡的金牌雞，愈說愈懸，愈跑愈遠。其實，優秀的公司模式都是單一的，複雜的模式往往會有問題，尤其是剛剛初創。

在馬雲的新型B2C模式未誕生之前，當當和卓越可謂是當時國內最具影響力的由純網路起家的B2C網上商城，算是在B2C電子商務領域先走了一步，但他們並沒有獲得太大的成功。究其原因：「兩家公司都不約而同地將B2C複雜化，他們從精品銷售思路轉變到後來猛增產品品種及線下倉庫規模，除實體店面外，他們在物流、倉儲等傳統零售行業的流通環節中投入的人力、財力都在不斷地增大，結果變得讓他們虧損的謠言滿天飛。」

那時候的馬雲即表示：「對傳統的B2C不看好。因為即使美國有那麼好的配送和物流基礎，亞馬遜也只有5％的利潤而已。在中國，B2C市場也已經成熟，但卓越、當當卻還是活得那麼辛苦，這就說明那個模式有問題。」他大膽預言：「各種電子商務形態在未來都將融合，結合在一個大平台上運行。」於是，2005年的馬雲，就嘗試著將阿里巴巴的買家和賣家引到淘寶，鼓勵淘寶網的賣家去阿里巴巴進貨，再把產品銷售給下游的消費者，希望透過這種形式打通B2B和C2C的界限。

經過一段時間的努力之後，馬雲成功連通了B2B和C2C平台，由此，一種全新的B2C模式便誕生了。2006年5月10日，淘寶網正式推出「淘寶商城」，它成為了品牌商家的樂園，不僅解決了淘寶網的贏利模式問題，更是一個打通B2B、B2C和C2C的一個絕妙戰略佈局，其實質是完全融合了B和C的B2B2C形式。

據當時還在淘寶網的孫彤宇解釋：「過去以亞馬遜為代表的傳統B2C模式，贏利點在於壓低生產商的價格，進而在採購價與銷售價之間賺取差價，需要投入鉅資建立倉儲、配送中心，中間成本極大，所以利潤僅維持在5%左右，而融合了B2B及C2C模式的淘寶B2C新模式則更簡單，它幫助廠商直接充當賣方角色，把產品直接送到消費者面前，根本不存在物流、配送、支付等瓶頸問題。這讓廠商獲得了更多的利潤，進而將更多的資金投入到技術和產品的創新上，最終讓廣大的消費者獲益。」所以，「淘寶網全新的B2C模式目的就是幫助廠商賺錢，幫助消費者省錢，最大限度壓縮中間環節成本，最終達到廠商和消費者雙雙受益的結果。」馬雲堅信，這種簡單的模式才是整個電子商務未來的走向。

【馬雲 生意經】

馬雲在為《贏在中國》做評委時，曾對一個創業者說：「你犯了一個大忌，不知道該怎麼做事，只是單純地相信自己一定能做出來，這個是很忌諱的。因為最優秀的模式往往是最簡單的東西。尤其初創的時候尋求單一簡單很重要，我們最怕一個人說我有機會生一個蛋，這雞說不定變成奧斯卡的金牌雞，愈說愈懸，愈跑愈遠……」

是的，最優秀的模式往往是最簡單的，但自從人們講究細節之後，繁文縟節就多了起來，一切似乎不複雜就顯得不專業。結果就在人們忙忙碌碌地尋找所謂最高級的商業模式的時候，卻沒有發現最有核心價值的東西悄悄的從身邊溜走了。

在阿里巴巴提出讓天下沒有難做的生意以後，他們就把這個作為阿里巴巴推出任何服務和產品的唯一標準。馬雲曾經說過「最少推出一個免費產品」，而「工程師和產品設計師、銷售師一想到免費，就立刻想把產品搞得複雜一點，以便將來收費的時候，搞得簡單一點，客戶們才會覺得物有所值。」所以，阿里巴巴的產品就愈做愈複雜，後來有一天，他們反問自己：「我們的使命是什麼？」

全體員工都說：「讓天下沒有難做的生意。」

人家問我你喜歡能幹的員工還是聽話的員工，我說 Yes，就是既要聽話又要能幹，因為我不相信能幹和聽話是矛盾的，能幹的人一定不聽話，聽話的人一定不能幹，這種人要來幹什麼，不聽話本身就不能幹，對不對？

於是大家反省為什麼把產品搞得那麼複雜呢？突然一下子就醒了，從此，他們把產品做得非常簡單，讓客戶愈來愈簡單，把麻煩留給自己。也因為有使命感的驅動，做簡單的產品，才使得阿里巴巴得到愈來愈多的客戶的關注，最後發展成為今日的阿里巴巴帝國。

同樣的，反觀企業，亦需要保持事情的簡單性，在企業內部培養務實、高效、簡約的工作作風，培養注重效率的人才，才是企業管理的重中之重。倘若創業者能意識到化繁為簡的重要性，將在用人、培養人、打造積極進取奮發有為的團隊等方面邁出一大步，為企業的良性循環和品牌建設奠定堅實基礎。

店不在於多而在於精

店不在於多，而在於精，要少開店，開好店，有一天你才能開更多的店。

在2005年的中國經濟年度人物評選創新論壇上，馬雲應邀在會上演講，他說：「2005年以後阿里巴巴什麼樣子我不知道，但是在未來的三年到五年，我們仍然會圍繞電子商務發展我們的公司，我覺得我們絕對不能離開這個中心。十年的創業告訴我，我們永遠不能追求時尚，不能因為什麼東西起來了就跟著起來。」這相當於又一次重申了阿里巴巴對專心致志地做好一件事的堅決態度。

1999年，當互聯網到處都是一片欣欣向榮的景象時，馬雲們回到杭州閉門造車，內部商量決定，6個月內不主動對外宣傳，只一心一意把網站做好。次年，經過之前的內功修煉，加之阿里巴巴接連獲得兩筆融資，阿里巴巴正式對外宣傳。為此，馬雲打造了當年轟動一時的「西湖論劍」——一個彙集全國最菁英的互聯網新貴的交流平台，並請了金庸做主持。那時候的阿里巴巴，已經很明確自己的戰略，可惜當時的環境不好，正值維持了兩年多的中國互聯網投資熱潮急速下跌。

在互聯網最寒冷的冬天，馬雲對阿里巴巴人說：「在別人最冷的時候我們把門關起來，去把我們的產品做好，我們即使跪著活，只要活著一天，我們就贏了，等春天來的時候我們就會有收穫。」

投資者對中國互聯網經濟的信心直到2003年年底才逐步恢復。「2001年到2003年這3年是阿里巴巴成長的3年。」雖然處於互聯網的寒冬中，阿里巴巴卻沒有感到來自投資者的多少壓力。除了控制好整個薪酬結構外，發展的錢，他們一分也沒少花。

「第一次創業的時候，你想做什麼，到底要做什麼？不要受外界影響，你自己就要確定你今天就是要做這個事情。」

顯然，馬雲的這個構思在經過了幾年的互聯網風潮的沉浮之後，不僅沒有動搖，反而更加堅定了。或者可以說，這個構思成為馬雲決定要「專心」做的唯一一件事，這也是阿里巴巴帝國能走到今天，並愈走愈堅定，愈走產業鏈愈擴愈大的關鍵所在。

【馬雲　生意經】

為什麼馬雲一直孜孜不倦地堅持「專心做一件事」呢？由他更早的一些講話中可見一斑：「一個公司在兩種情況下最容易犯錯誤，第一是有太多錢的時候，第二是面對太多機會的時候。」馬雲並不是從來就沒有「分心」過的，只不過好在他的理想主義色彩還不至於把他拖離地面，在最關鍵的時候他還是回到現實，繼續腳踏實地地走原定的路線，因此才有了阿里巴巴後來的發展。

2005年8月，阿里巴巴與雅虎中國聯姻的時候，網路上，人們眾說紛紜，說「阿里巴巴是不是想拓展戰線？收購雅虎中國是因為看到百度的股票上漲了，也想在搜索上分一杯羹？」雖然馬雲疲於向所有人解釋到底是「美國雅虎併購阿里巴巴」還是「阿里巴巴併購雅虎中國」，但他的內心卻始終是十分清楚：「一切皆為目標服務，一切皆為『專心做一件事』。」

早在2005年以前，他就已經意識到了搜索引擎技術對互聯網公司發展的重要性。阿里巴巴想要更好地為中小企業服務，就必須先鞏固自己的「中國最大的電子商務網站」的地位，並更快更穩地向國際市場擴張，透過併購獲得當前最先進的搜索引擎技術，顯然是必要的，所以，說到底，他從未離開過「專心做一件事」的主張。他說：「做企業，其實很簡單，一個強烈的欲望就是說，我想做什麼事情，我想改變什麼事情，你想清楚之後，你永遠堅持這一點，就可以走得更遠。」

記得在電影《阿甘正傳》中，阿甘是一個天生弱智，卻又一路成功

免費是世界上最昂貴的東西。所以盡量不要免費。每一筆生意必須賺錢，免費不是一個好策略，它付出的代價會非常大。

的人物。他可以用快到你用肉眼看不清的速度，一個人對著牆打乒乓球。為此，被選中與中國的冠軍選手較量，當記者問他如何做到時，他簡單地回答：「看到的只是球。」

這就是中國人常說的「聚精會神」：「將精力集中於一個目標，當你這樣做時，與這個目標有關的資訊和資源就會被你集中起來，形成一種合力，然後對目標保持堅定不移的信心，它最終就會變成事實。」這就是專注的魔力。

這世界上沒有優秀的理念，只有腳踏實地的結果

堅定自己內心的理念和信心是創業者必須具備的素質。但是光有理念，是挺不值錢的東西，真正值錢的東西是你創造的價值，腳踏實地的結果。很多人說我有非常優秀的理念，但其實這世界上沒有優秀的理念，只有腳踏實地的結果。

1999年，阿里巴巴剛創業的時候，就立誓要做一家國際性電子商務企業，馬雲要用B2B這個平台幫助中國的中小企業打進海外市場的理念在當時的中國還未有人做，他算得上是第一個吃螃蟹的人。但做一份大事，光有理念，還遠遠不夠，最重要的還是腳踏實地地做。

他們的初步工作重點是到海外尋找買家。而要做到這一步，就必須讓外國人先了解阿里巴巴。於是，馬雲決定先拓展國外市場。就這樣，在國內互聯網轟轟烈烈的時候，阿里巴巴卻悄悄地在國外為他們的全球化戰略進行宣傳造勢。那時候阿里巴巴的基本活動是在歐洲和美國，因此在歐洲和美國做了很多演講，還四處找合適的機會投放廣告。

在阿里巴巴剛創辦的頭三年，推廣工作是非常難的。後來，對於那段海外推廣生涯，馬雲做了一個生動的比喻：「辦一個市場就像辦一個舞會，舞會裡面有男孩子、女孩子，如果要把他們都請進來很難。所以策略是先把女孩子請進來，再把優秀的男孩子請進來，這樣做市場就會變得愈來愈大。辦舞會很累，關鍵是你要能請到優秀的女孩子。如果舞會請到的是一大幫男孩子就沒有女孩子敢進來，相反，有很多女孩子在就會有膽子大的男孩子進來，所以這個舞會就熱起來了。」

做淘寶的時候，馬雲也曾面臨巨大的難題。那時候，它最大的競爭對手是強大的美國公司eBay。馬雲提出要做的時候，投資者一片反對聲，他們認為：「C2C理念固然好，但阿里巴巴還沒有上市，還沒有一個結果，這個時候再做另外一個事情，對手還是一個強大的互聯網巨頭，在中國擁有百分之九十幾的市佔率，跟它對著幹，不是自尋死路嗎？」

好在孫正義支持馬雲的想法，認為阿里巴巴跟淘寶是有互補性的一個企業，同時這是一個機會。於是阿里巴巴的第二輪融資裡，軟銀6000萬投資中的5000萬都給了淘寶。他們打賭：「境外的企業，因為太遠，反應不會那麼快，而且它有很多在國外的成功模式，一定會照他們已有的思路去想，他們不會把小小的中國對手公司看在眼裡。」

馬雲賭它一定會犯這些錯。那個時候的馬雲，頂著巨大的壓力，帶了團隊夜以繼日地埋頭苦幹，一邊與對手打免費戰，一邊不斷地與客戶溝通，推出新策略，想辦法解決網路支付安全問題等等，最後，出人意料地，馬雲和他的團隊不但成功了，還創造了一個史無前例的以弱勝強的商業案例，至今都為人津津樂道。

在 SARS 期間，馬雲戴著口罩決定：「全杭州 500 名員工全部回家辦公，但是工作和客戶服務不能停。家裡沒有電腦的，把公司電腦搬回去。家裡沒有網路的，IT 人員幫著把網路全部建起來。」從一開始到隔離結束，客戶中沒有一個人知道阿里巴巴全公司化整為零、在家辦公。打進電話來都會有人應答：「喂，你好，阿里巴巴」。一個員工在家告訴自己的父親：「爸爸，有電話打進來，一定要說：『你好，阿里巴巴。』」

馬雲就是這樣望著他的遠大目標，帶著他的團隊腳踏實地地做事，闖過一個又一個難關，才取得了今天這樣的成就。他是一個實幹家，阿里集團也是腳踏實地做事業的傑出榜樣！

【馬雲　生意經】

馬雲說：「很多做企業的人，心態很好，激情很高，對自己的信念也非常堅持，具備創業者的基本素質。但是光有理念，是不值錢的，真正值錢的東西是企業所創造的價值，是腳踏實地的結果。很多人說他有非常優秀的理念，但其實這世界上沒有優秀的理念，只有腳踏實地的結果。」所以，創業者千萬不要用理念去整合別人，而是要靠你創造的價值給別人帶來好處。

當初馬雲創辦阿里巴巴的時候，就有了「幫助中小企業衝出國門」這樣一個口號。而擁有同樣的想法與理念的人，全世界並不是只有馬雲一個，但為什麼只有馬雲獲得了巨大的成功，而別人默默無名呢？

馬雲從開始成立公司，用一點點資金到後來愈做愈大，吸引不同的投資者來參與，這背後，其實是花了很多的力氣，才達成目標的。在實踐夢想的過程，他所經歷、克服過的困難不計其數，以至於現在的馬雲說他面對困難與痛苦感到無所畏懼。

就是因為他，公司從50萬元創業資金、18個人的創業團隊，用短短數年的時間，成長為全球最成功的電子商務集群，使電子商務從一個概念變成一種領導潮流的商業形態：而阿里巴巴B2B公司也成為中國出口市場及B2B市場領先者；淘寶網則擁有絕大部分的中國C2C市佔率，2008年的交易額高達999.6億元；支付寶也成為全國最大的獨立第三方支付平台，市佔率排名第一；阿里軟體亦是領跑線上管理軟體市場。

所有最後成功的人，在做企業的最初都清楚地知道自己想要什麼，並有一套執行的計畫。他相信自己做得到，並且傾注大量的時間和心血，一心一意地專注於想要追求的目標。而失敗的人往往是因為沒有明確的人生目標，他認為成功只是靠運氣，因而做事被動，不肯用心。因此，下定決心，專注於自己的目標和計畫，腳踏實地地做事，為成功鋪路架橋是必不可少。在這期間，任何事情都不能阻止你成功的腳步，就像一路做夢的馬雲，為了理想不顧一切向前衝一樣。他用他的商業實踐告訴人們，企業要想成功，就必須從腳踏實地地做事開始。

想生存先做好而不是做大

生存下來的第一個想法就是做好，而不是做大。

阿里巴巴在1999年成立之初，犯的最大一個錯誤就是即刻把自己做大。出於要讓公司一開始就顯得很國際化的考慮，它將公司總部設在香港，在中國杭州成立中國總部，在美國矽谷、倫敦和韓國分別設立了3家分支機構和合資企業，在中國北京、上海、浙江、山東、江蘇、福建、廣東等地區設立了十多家分公司、辦事處。一時間，全球員工達到了800餘人，他們分別來自於十幾個不同的國家和地區，有法國人、美國人、德國人、秘魯人等，公司的八個高層管理者，除了馬雲自己是中國人，其他全是老外。他們為了全球化戰略目標，四處進行宣傳，在歐洲和美國做了很多演講。這樣人的手筆，讓那時候的馬雲和阿里巴巴一時風頭無雙，成為全球媒體爭相報導的對象，搞得美國十大名校像史丹佛、柏克萊、哈佛等等都把阿里巴巴作為一個研究的對象。

然而好景不長，互聯網行業遇到網路泡沫破裂危機，全線崩潰，進入低潮期，用當時的《IT時代週刊》的話講就是：「互聯網企業就像電梯從天堂一層層地下落到地獄」。阿里巴巴和全球所有的互聯網公司一樣，未能倖免。於是，平日裡隱藏在「國際性」企業光環下的弊病全都顯現了出來。

從某種程度來講，那時候的阿里巴巴的發展速度遠遠超過了同時期的 Yahoo。由於發展速度太快了，許多致命的隱患也隨之出現，比如，公司沒有規章制度，日夜顛三倒四，員工包含了各種國籍的人，於是各種文化互相衝擊，各成一派，誰也不服誰。而馬雲身為首席執行長 CEO，所講的話在一幫來自不同文化背景的人聽來顯得特別古怪。所以，當時很多新的員工和外來人到當時的阿里巴巴公司的第一感覺是這個公司好亂。

與此同時，阿里巴巴因為全球擴張，在韓國、日本、北美等地都有辦公室，成本非常高，而產出又非常低，全球推廣演講，最慘的一次，在德國，一千五百個座位結果只來了三個人，連馬雲自己都覺得很丟臉，但沒有辦法，還是得演講下去。大勢不同了，已經投入了那麼多資金，收不回來，還要面臨來自投資者的巨大壓力。當時的阿里巴巴可以用「金絮其外，敗絮其中」來形容，阿里巴巴陷入了創業以來最艱難的一個時期，馬雲也因為自己過於理想化的擴張幻想，陷入了深深的思考。

一番思想鬥爭之後，不論從成本還是人脈方面來考慮，馬雲決定執行「收縮」戰略——「回到中國」，一切從頭來過，從長計議。這是一個以退為進的方法，退回中國，退回杭州，回到老革命基地裡面。馬雲當時說：「我熬也要熬過這個冬天，爬也要爬過去，跪著也要活下來。」

【馬雲 生意經】

「想生存，先做好，而不是做大」，這樣一番理論，來自馬雲自己曾經的失敗經歷。在公司剛創辦之初，基礎未打好之時，馬雲就急劇擴張阿里巴巴，最後搞得自己焦頭爛額，好在他的理想主義並未把他帶離地面，他最終又回到了現實。經此一事，他明白了：在創業之初，「生存下來的第一個想法就是先做好，而不是做大。」

而馬雲的這番理論，用我們常說的話來表達就是：「有多大的能耐就做多大的事。」做企業不能急功近利、好高騖遠、盲目攀比，搞形式主義、短期行為和「形象工程」，提不切實際的口號，追求場面上的轟轟烈烈，急於求成，華而不實。

誰都知道企業創辦之初，能力有限，不可能解決所有問題，因而創業者應該切合實際地根據自己的力量，制定出合理的企業發展目標。先把手上的事情做好，做精，做透，等到成果脫穎而出了，「翅膀長硬」了，再考慮做大，做強，甚至是多元化發展的問題也不遲。

四、資金攻略：

與風險投資商共擔風險

馬雲在為電視節目《贏在中國》做評委的時候說：「商業活動跟實驗室裡搞實驗不一樣，實驗室裡可能失敗，再重來過。商業活動是很嚴肅的一件事情，所以在這裡面可能要考慮得更多一點。當你真的要找風險投資的時候，必須跟風險投資共擔風險，你拿到的可能性會更大。」

他建議所有要融資者：跟風險投資商談判的時候，腰要挺起來，但眼睛裡要是尊重，要向他證明，你比他更能賺錢。在告訴他好的之後，也要談壞的。不要總覺得好像VC是爺，其實VC只是舅舅，可以給建議，可以給錢，但是要把這個孩子帶到哪兒去，怎樣養大，職責都在你。而且VC的錢不是用來救命的，要記住，永遠在公司形勢最好的時候去融資，千萬不要打雷下雨啦，才要修屋頂，那麻煩就大了。

啟動資金這麼來

啟動資金必須是pocket money，不許向家人朋友借錢，因為失敗的可能性極大。

1999年2月21日，在杭州湖畔花園，馬雲的家中，馬雲召集了妻子、同事、學生、朋友，18個人進行了第一次創業動員大會，大家或坐或站，圍繞著馬雲聽講。他似乎一開始就認定了這會是一個值得記錄的歷史時刻，於是安排了攝影機全程進行錄影。

從那卷錄影帶中，人們可以見到這樣一幅畫面：馬雲不時地揮舞著大手，慷慨激昂地對大家說：「從現在起，我們要做一件偉大的事情。我們的B2B將為互聯網服務模式帶來一次革命！」馬雲掏出身上的錢往桌上一放，「啟動資金必須是pocket money（閒錢），不許向家人朋友借錢，因為失敗可能性極大。我們必須準備好接受『最倒楣的事情』。但是，即使是泰森把我打倒，只要我不死，我就會跳起來繼續戰鬥！」

他講瘋了，講得酣暢淋漓，因為他終於講明白了自己這4年以來一直在講的互聯網。他先是分析了新浪的走勢，後講了自己的前途。「現在，你們每個人留一點吃飯的錢，將剩下的錢全部拿出來。」另外，「你們只能做連長、排長，團級以上幹部我得另請高明。」

馬雲首先拿出了自己所有的積蓄，其他人也跟著挖出了自己的箱底積蓄，總算湊足了50萬的啟動資金。於是，阿里巴巴橫空出世。辦公室地點就設在馬雲家裡，不大的空間最多的時候擠過35個人。「發令槍一響，你不可能有時間去看對手是怎麼跑的，你只有一路狂奔。」馬雲要求員工每天工作16到18小時，睏了就席地而臥。幹得太辛苦，馬雲就下廚為大家做幾道菜。

多年以後，再回想那段經歷，阿里巴巴集團資深副總裁金建杭笑著對《IT時代週刊》說：「那個時候的我負責拍照片和錄影，你看照片裡，大家的眼神都是迷茫空洞的。也只有馬雲依然滿懷信心，除了馬雲，在創業之初誰都不敢說自己真的信心十足。」而馬雲自己回憶起當初的困窘，卻很是開心的，覺得那時真有一種「不成功，便成仁」的悲壯感。

【馬雲　生意經】

俗話有云：「兵馬未動，糧草先行。」沒有資金再好的項目也只能夠望而卻步，因此，在創業之初，就必須有一個好的籌備資金的計畫。

自己投資創業有著種種優勢，不過畢竟還是需要一筆啟動資金的。對於大多數創業者來說，資金要怎麼來呢？

首先，在確定了自己的創業項目之後，就要決定需要多少投資，在開業後直到走上正軌之前，這段時間內的周轉費用又該需要多少，有多少流動資金可以掌握等等。其實，只要創業者能夠用心觀察，就會發現多條有效的融資管道。

馬雲是典型的利用個人魅力籌集到第一比投資的人。阿里巴巴還未開始，其前景有很大的不確定性，除了信心，很難有什麼實質性的前途可言，但馬雲憑藉個人魅力和個人的人脈關係來提高了信用度，從而獲得了親戚、夥伴們的融資。這時，他以往的個人經歷、取得的認可就顯得特別重要，它是增強投資人信心的佐證。

試想，如果馬雲不是那樣一個實幹的人，如果不是已經在互聯網行業闖蕩多年，曾經做出過一定的成績，取得了一定的名聲，不是那麼具有鼓惑人心的魅力，會有那麼多人放棄北京的高薪機會，跟他回杭州創業嗎？所以，如果創業者有良好的個人信用，是可以增強投資人的信心，幫助籌資的。

如果創業者是全新的開始，無法透過其他管道獲得必要的資金，還可以透過以下方法解決資金問題。

首先，既然資金不充裕，又想創業，那就削減投入，縮減創業規模，將投資減少到可承受限度內是個不錯的做法。其次，可以延遲創業的時間，直到資金足夠為止。第三，還可以邊小規模創業邊累積資金，這也不失為一個好的選擇。

在公司形勢最好的時候去融資

不要在你最窮的時候去找資本要錢，永遠要在你最好的時候去找錢，要在企業發展最好的時候進行調整！

馬雲在某次演講上說：「VC（風險投資或創業投資，泛指一切具有高風險、高潛在收益的投資 Venture Capital，簡稱 VC）的錢不是來替你救命的，什麼時候去找 VC 呢？不是在你最窮的時候去要資金，所有創業者要記住：永遠在你的公司形勢最好的時候去融資，千萬不要到天要下雨，甚至是已經下大雨了，才爬到屋頂上去修漏洞，那時候，麻煩就大了。所以，要在陽光燦爛的時候修屋頂，這就像公司內部的改革也一樣，要在形勢最好的時候去改革。」這是馬雲的一個經驗之談。想當初，馬雲融資的時候，就是選擇了一個很好的時機，從而順利地得到了自己繼續運轉的資金。

阿里巴巴創業的時候，是互聯網正火熱的時候，互聯網行業成為所有風險投資的新寵。當時的阿里巴巴雖然剛剛開始營運，但是已經得到迅猛的發展，流量和客戶都飛速增長，正處於一個良好的發展時期。正是在這樣的大好形勢下，馬雲接到了來自美國最頂級的商業媒體《商業週刊》的電話，說是要採訪，事情的起因是據說「有人在阿里巴巴網站上發佈消息，說可以買到AK-47步槍」。可是馬雲他們找遍網站所有的消息也沒有找到這條買賣資訊。後來馬雲回憶說：「像《商業週刊》這樣的雜誌一報導還是把我們嚇了一跳，因為它很少亂講話。」

而「塞翁失馬，焉知非福」。儘管有關AK-47的報導給阿里巴巴帶來了一些負面影響，但也帶來了更多國際記者關注的目光，伴隨著這些關注而來的還有國外的投資者。

這一年，國際風險投資機構大規模地在中國互聯網市場進行投資，以著名的老虎基金、高盛和軟銀為代表的風險投資商向中國門戶網站及電子商務網站大股投資。恰好此時，也正是已有一定名氣的阿里巴巴最需要錢的時候。於是，經過一番談判，馬雲收下了來自高盛的第一筆資金500萬美金，成為轟動一時的特大新聞。

【馬雲　生意經】

50萬元的啟動資金對於以「燒錢」著稱的互聯網公司來講，只是杯水車薪。儘管一再節約，阿里巴巴維持到七、八個月的時候，便已經彈盡糧絕了。錢已經成為阿里巴巴迫切需要解決的重要問題，這是一個艱難的時刻，好在阿里巴巴網站雖然只上線營運5個月，但是已經取得了不錯的成績。所以，一向挑剔的國外投資商自然願意送錢給馬雲。

馬雲有一句話值得所有創業者細細品味：「投資人最怕的就是有人向他要錢了，他最喜歡你不要（錢），而是他主動送給你！」投資商是不會主動送錢給任何人的，除非你能夠讓他賺錢。所有的投資商進行投資都是為了為自己賺取利益，而且要在風險最小的情況下，所以他們只會把錢主動送給情況最好的公司。

不同的投資者對創業者的要求是不同的。創業者如果計畫以融資方式獲得資金，那麼投資者對創業者的賺錢能力就十分感興趣。風險投資者為獲得權益提供了高額的資本，希望獲得足夠的回報，並要求在一定時間內收回投資回報，所以投資者通常很重視創業者的資格。通常，他們會花大量的時間來調查創業者的背景，不僅從財務角度考慮，還會從雙方是否合作愉快等多方面加以考慮。

因此，在公司狀況最好的情況下去融資，是最有希望得到資金的。因為公司狀況是否良好直接反映了這個創業者以及團隊的能力。

這世界上最沒用的就是「抱怨」，孩子生下來抱怨，孩子八個月了還抱怨，那就是廢物。

風險投資商永遠是舅舅

不要覺得好像VC（風險投資商或創業投資商）是爺，其實VC永遠是舅舅，你才是這個創業孩子的爸爸媽媽，只有你知道要把這個孩子帶到哪兒去，舅舅可以給錢、給建議，買點奶粉衣服之類的，但是把這個孩子養大的職責是你，所以，VC的錢是幫你做得更好、更大。

馬雲說：「我最大的一個融資要訣是把投資者當舅舅看，自己才是阿里巴巴的父母，投資者只不過是在邊上給一些建議，創業者千萬不要因為投資者而改變了自己原有的經營方向，阿里巴巴就絕對不會因為投資者的壓力而改變自己對公司的經營方針。今天很多網站是為投資者而建網站，這是最大的忌諱。其實投資者跟銀行是差不多的，他覺得你有前途的時候會投資給你，一旦他覺得你沒前途的時候，跑得比誰都快，這是他們的特性。」

在市場經濟中，「資本就是話語權」。在阿里巴巴的融資史上，每次談到股份的問題，馬雲的態度都很明確，也毫無商量的餘地，那就是：「任何人都不能夠控股阿里巴巴」，就因為馬雲曾經做過「資本遊戲」的犧牲品。第一次是在經營中國黃頁的時候，由於馬雲在資金上不佔優勢，最後被杭州電信排擠出局。進京創業的馬雲，同樣由於經營理念的問題，沒有控股權的他再一次黯然出局，只得退回杭州。這兩次經歷，給了馬雲深刻的教訓。他發誓：「日後再也不會在阿里巴巴身上重蹈覆轍」。自此，馬雲對於投資有一個自己的底線，那就是：「資本得聽我的，否則，免談。」

阿里巴巴在創業初期也極其缺錢，但是，並不是誰來投資馬雲都接受，在遇見高盛之前，馬雲至少拒絕了來自內地38家投資商的投資要求，最重要的一個原因就是股份比例問題談不攏，而且「這些投資者太『中國』了，對經理層不夠信任」，直到高盛的到來。

高盛是馬雲接受的第一家投資公司。1999年，由高盛牽頭，包括富達投資、Invest AB和新加坡的政府科技發展基金在內的投資機構，聯合向阿里巴巴注入了首期500萬美金，這是阿里巴巴發展史上第一筆「天使基金」。

【馬雲　生意經】

馬雲曾經說過：「在阿里巴巴這個手術台上，他就是主刀醫生，所有的投資者都是護士，他開刀的時候，主刀醫生要刀，護士就給他刀，主刀醫生要鉗子，護士就給他鉗子，一切都是主刀醫生的決定，任何人都是主刀醫生的助手。」

這也是為什麼當初他千帆過盡皆不是，卻唯獨選中高盛的原因。因為高盛是一家成熟的投資公司，在國際上享有盛譽，有著不同於一般投資公司的長遠目光。馬雲想的是這對於阿里巴巴的將來來說，無論是要開拓海外市場，還是做長遠的戰略規劃都有更大的優勢。最要緊的是高盛一貫秉承一個最重要的投資方式：「絕不干涉經理層對於公司的運作」。這才是馬雲真正想要的，可以讓他「放手帶領那幫人大幹一場」，滿足他當主刀醫生的欲望。

之後，跟軟銀的合作也是一樣，孫正義從來都放手讓他去幹，即使是在2001年全球互聯網業最蕭條的時候，也沒有「騷擾」過馬雲。也就因為，馬雲秉承「投資者永遠是娘舅」的信條，2005年8月，「阿雅聯姻」之後，雅虎的楊致遠和軟銀的孫正義成了阿里巴巴的最大股東，馬雲就和他們約法三章：「楊孫二人只能關注經濟回報，不能夠干涉公司的決策和經營管理。」所以他才能夠底氣十足地對外宣稱：「楊致遠和孫正義在阿里巴巴只能夠關注經濟回報，美國以楊致遠為主，日本以孫正義為主，中國則是『我為主』。」

與風險投資商保持平等

跟風險投資商談判的時候，腰要挺起來，但是眼睛裡面是尊重，別說空話，要用自己的行動證明，你比資本家更會賺錢。

阿里巴巴在全世界範圍選投資者，看中的都不是泛泛之輩，其中有全世界排名第一的高盛，有來自歐洲的 Invest AB，有亞洲的匯亞，在美國選了全美最大的共同基金 Fidelity（富達投資集團），在新加坡選了高科技基金 TDF。

馬雲認為：「在選投資者的時候非常重要，因為如果投資者給創業者很大的壓力，就有可能造成創業者腦子發熱而亂做決定的後果。」

所以，創業者必須找一個能跟你平起平坐的資金合作者。彼此之間互相信任，為對方負責，誰也不讓對方亂了方寸。要找到這樣的投資者並不容易，因為並不是每個創業者的底氣都可以像馬雲那麼足，那麼馬雲到底是怎麼辦到的呢？

馬雲說：「首先跟對方談判的時候，腰要挺起來，但是眼睛裡面是尊重。」創業者從第一天跟投資者談判起就要這麼理直氣壯，當然，不能光說空說，要用自己的行動向對方證明，你比資本家更會賺錢。

「我跟風險投資商講過很多遍，你覺得你比我有道理，那你自己來評評看。現在我能夠讓錢生錢，而你能夠找到好的項目，何樂而不為呢？所以雙方之間其實是共通和平等的。當投資者問你一百個問題的時候，你至少也得問他99個。你想你是嫁給他了，他是你的唯一，而他卻可以娶七、八個，所以，要慎重。」

對於談判的過程，馬雲也有諫言：「你要問他的投資理念是什麼？為什麼投我呢？我最倒楣的時候你預備怎麼辦？很多創業者在跟風險投資談判的時候，總是先倒過來講自己一定會很成功的，結果把VC風險投資的期望值抬得很高，以後，你再怎麼做都是失敗。」所以，創業者一定要記住，跟風險投資商都談過好的之後，也一定要記得談壞的，要讓雙方都做好兩手的準備。

而當創業者取得初步的成功，很明顯地證明自己的公司是家好公司的時候，就會有一堆風險投資商找上門來。這時候，馬雲的做法就是讓所有的投資者把幫助自己的計畫和想法寫下來，這是互相的，馬雲每年也都寫承諾給風險投資商，所以，他也要求風險投資商能寫下對他的承諾，這是對互相的一個約束，是婚姻合同。馬雲說：「我這麼多年以來，從第一個VC到今天為止，從來沒有漏掉過任何一個季度的任何一個計畫，因為如果漏掉了一個，信用就沒有了。」

還有，在經營公司的過程中，馬雲會明確地告訴風險投資：「我這個月會虧，下個月還是會虧，但虧多少，只要是可控，投資人都不會覺得可怕。風險投資最怕的就是創業者的虧損不可控，明明說要賺兩塊錢，結果還虧了三塊錢，說只會虧三塊錢，結果虧了八元錢，那麻煩就大了。」

【馬雲　生意經】

創業者在挑選投資人的過程中，投資人也在挑選創業人。戀愛能否成功取決於雙方的共同意願，所以創業者一定要了解投資人真正關心的問題，針對這些問題做好準備工作。

在阿里巴巴的融資史上，從來都是馬雲選擇投資人，對別人說「NO」，風投公司都是爭著把大把的資金往他手裡塞。是馬雲比別人特殊嗎？為什麼風險投資商都願意跟他平起平坐呢？其實，他也不過是一個普通的人，從零開始，一步一步走過來的，如果非要究其原因，可能就是他的氣質。

大凡一個投資商能夠把自己的錢拿出來，不外乎是看重創業者的實力，希望對方能夠給他豐厚的回報，再則，就是創業者的個人魅力。這也是投資人最看重的一點。馬雲之所以能夠順利地拿到投資，阿里巴巴的發展前景當然是最重要的，但是，馬雲個人的魅力也是一個重要的因素。

最能夠體現馬雲個人影響力的，還得從他和孫正義說起。他和孫正義第一次見面就顯得不同。馬雲很隨意地就跑去見孫正義，會議室裡的人都是衣冠楚楚的，只有馬雲一個穿一件普通的夾克，活像一個走錯房間的路人甲。但是，一個人的能力不是靠衣著來表現的。馬雲只講了6分鐘，孫正義就從辦公室的一頭走到了馬雲身邊，直截了當地問道：「你要多少錢？」最後，經過幾輪的談判，兩人達成了2000萬美元的合作協議。

「在互聯網最冷的冬天，我從來沒有去騷擾過他，他也從來沒有來騷擾過我。這是一種信任，我信任他，他信任我，這種投資者比較難找」，但馬雲碰上了。

而孫正義就曾經對馬雲說過：「保持你獨特的領導氣質，這是我為你投資的最重要的原因。」這就說明，投資者在選擇投資對象的時候，比起對方的資本、規模，往往更看重領導人的個人「魅力」，因為從某種程度上說，領導者決定了企業的未來。

還有一點值得提醒的是，創業者在找風險投資的時候，如果認定對方是爺，往往先從心理上就處於一種劣勢的地位，在談話中就會有很大的壓力。這對於創業者來說就很不利，因為壓力大就容易緊張，一緊張就容易出錯，原本已經準備得滾瓜爛熟的商業計畫會因為緊張而大腦一片空白，導致面談失敗。所以在與投資者見面之前一定要保持良好的心態。用積極樂觀的心態與投資者交流，避免帶著巨大壓力而產生不良的後果。記住馬雲說的：「挺起腰桿」。

共擔風險，你能拿到更大的

要找風險投資商的時候，必須跟風險投資商共擔風險，你拿到的可能性會更大。

馬雲的體會是：「在找投資者的時候比找老婆還難，創業者一定要小心，找『老婆』的時候，不要光找漂亮的，關鍵要看她能不能跟你同甘共苦，在最困難的時候會不會說：『I am here with you. 我會跟你一起奮鬥』，這個是最重要的。」

阿里巴巴進行第二輪融資的時候，馬雲認識了軟銀的孫正義，兩人會談了六分鐘，孫正義馬上說：「停下來，停下來，我要投資你。」一旁的人一聽，都跟馬雲鼓吹，讓他趕緊接受，「錢花得愈快愈好，明天阿里巴巴一定會成為時代雜誌封面，商業週刊雜誌封面」等。而馬雲卻一口回絕說不要，自己口袋裡還有錢。孫正義笑了下，對周遭的人說：「大家不要勸他，他是個聰明人，讓他回去想想。」

第三天，孫正義派人到馬雲家裡又談了一次，依然無果。轉眼到了12月份，軟銀再次派人來遊說：「馬雲吶，孫正義生氣了，怎麼到現在連聲音也沒有了。」馬雲見時機到了，便提出說：「我要跟孫正義再見一次面，在他辦公室也行。」

於是，馬雲和阿里巴巴CFO蔡崇信便飛到了東京。見面之後，孫正義直奔主題說自己要投資，而且要佔30%的股份。而馬雲也不客氣，開口便說了三個條件。「當時，我向孫正義提出了三個條件，第一，孫正義要加入，做阿里巴巴的董事。孫正義名氣太大，他丟了多少錢，一點意義都沒有，而我輸掉就輸掉了，我是輸不起的，一旦輸掉就是全盤皆輸。所以，我要讓孫正義的老臉跟我的黏在一起。然後孫正義回說自己這麼忙，當董事沒意義，如果不來參加董事會，對其他董事不禮貌，不過他答應當阿里巴巴的顧問。這樣，孫正義的老臉算是放上去了。第二，因為軟銀裡有很多基金，我希望用孫正義自己的錢。第三個是價格，我們兩個人從4000萬美金談到3500萬美金，再降到3000萬美金，最後孫正義妥協，以2000萬美金跟我們成交。」

馬雲終於達成所願，既得到了投資，又成功讓孫正義共擔風險。關於這次風險投資的談判結果，蔡崇信曾說：「這是他（孫正義）投資經歷中讓步最多的一次」。2000年1月18日，雙方正式簽約，軟銀正式向阿里巴巴網站投資2000萬美元以拓展其全球業務，同時在日本和韓國建立合資企業。

2004年2月，軟銀牽頭攜手富達、TDF（新加坡風險基金管理公司）和Granite（紀源資本，簡稱GGV Capital，美國矽谷最早投資中國企業的VC之一）再次注資阿里巴巴約8200萬美元，其中軟銀投資6000萬美元。在阿里巴巴收購雅虎中國的過程中，軟銀主動讓出了3.5億美元的股份。很明顯的是，他投資的阿里巴巴和淘寶網都處在飛速發展時期，如果繼續投入資金，或者繼續持有原來的股份，將可以在今後獲得更加豐厚的回報。當時3.5億美元的套現，對他而言，根本算不了什麼。那孫正義為什麼要這樣做呢？

後來，他對馬雲說：「Jack，就是因為要跟你做一輩子的朋友，我才願意退出。」馬雲說：「這句話，在我眼裡的價值，遠遠高出3.5億美元！」這才是「要找風險投資的時候，必須跟風險投資共擔風險，你拿到的可能性會更大」的更廣闊的含義。

【馬雲　生意經】

馬雲在中央電視台的節目中曾說過這樣一句話：「我一直認為不管做任何事，腦子裡不能有功利心。一個人腦子裡想的是錢的時候，眼睛裡全是人民幣、港幣、美元，嘴巴講的也全部是錢，那麼人家一看就不願意跟你合作。阿里巴巴永遠堅持一個原則：我們花的是投資人的錢，所以要特別小心。如果今天花的是自己的錢，可以大手大腳。雅虎是今天世界上最小氣的公司，我們每天考慮的都是如何花最少的錢，去做最有效果的事情。」這也是另一種形式上的與風險投資共擔風險的表現。

阿里巴巴得到軟銀的2000萬美金之後，曾有分析認為：「這對於阿里巴巴來說，並非最明智的選擇。因為阿里巴巴當時剛獲得高盛的500萬美元投資，銀子還未用完，並且當時阿里巴巴的日流量與知名度都在與日俱增，如果再晚一些引入新的投資者，顯然更有利於公司總值的增加。」而馬雲自己一開始也認為那是一步臭棋。然而三個月之後，當那斯達克指數開始暴跌並持續了長達兩年的低迷不振狀態，互聯網遭遇冬天期，無處融資時，唯獨阿里巴巴還資金充足。所以事實無絕對，一步臭棋走著走著，也能變成好棋。

後來馬雲在談到與孫正義的合作時說：「很榮幸有緣與孫正義先生握手」。若是沒有那次握手，阿里巴巴和淘寶網的事業不會像今天這樣順利展開，尤其是在他收購雅虎中國的行動中。從投資阿里巴巴至今，孫正義一直十分信任馬雲，幾乎完全沒有干預過企業的相關事務。因為他們兩個的經營理念都是一樣，就是要贏在未來。

而馬雲對於阿里巴巴的投資者的謹慎選擇，事實證明，他是非常明智的。即便是到現在，他對於投資者的要求依然沒有放鬆。他希望風險投資者是作為一個策略投資者進入阿里巴巴：「現在還有很多投資者追著我談合作，但是現在我不需要太多錢。我們需要的不是風險投資，不是賭徒，而是策略投資者，他們應該對我有長遠的信心，20年、30年都不會賣的。兩三年後就想套現獲利的，那是投機者，我是不敢拿這種錢的。」準確地說，馬雲需要的是能和他共擔風險，共創未來的人。

錢太多反爾會壞事

很多人失敗的原因不是錢太少，而是錢太多。

馬雲說的錢太多反而會壞事，其實有兩層意思。一層是最初的阿里巴巴窮慣了。馬雲覺得：「阿里巴巴能夠走到今天有一個重要因素就是阿里巴巴曾經沒錢。」

正是因為沒有錢，所以才要讓每一分錢都在腦子裡花過，每一分錢都花得物有所值。剛剛創業的時候，阿里巴巴人出門幾乎不打車的。

有一次，他們必須坐計程車，一輛桑塔納過來，所有人的頭都轉過去，一看夏利過來，馬上把手招過去。因為桑塔納比夏利貴一塊多錢。他們為自己的小氣感到驕傲。後來他們有錢了，還是像沒錢時一樣花錢，因為馬雲認為自己花的是風險資本的錢，必須為他們負責任，要一點一滴地把事情做好，這才是最重要的。也正是因為他們沒錢，團隊才會努力上進，共同奮鬥。

第二層意思是，眾所周知，在創辦阿里巴巴之前，馬雲曾經有過兩次的互聯網創業失敗的經歷。而失敗的原因統統都是因為錢的問題。

第一次是中國黃頁。馬雲在尋找投資者的時候，犯了一個錯誤。當時的中國黃頁和杭州電信發生了競爭，對方那時候的註冊資本是2.4億人民幣，中國黃頁的註冊資本是5萬人民幣，雙方競爭非常慘烈，戰了八個月之後，發現搞不死對方，於是，兩邊坐下來談合作。杭州電信提議進行合資企業。杭州電信投140萬人民幣，馬雲出他僅有的5萬塊。結果，合資企業一成立，災難就來啦。董事會裡面，杭州電信是五票，馬雲的中國黃頁佔兩票，開了五、六次董事會，馬雲的提議沒有一次是通過的。丟失自主權的馬雲，毫無施展才華的餘地，氣憤之餘，選擇離開。

第二次是在國富通，儘管在那家公司裡面，馬雲的團隊取得了令人驕傲的成績，創造了很多個中國第一，在全中國的互聯網沒有人賺錢的時候，他們14個月以內，就做了287萬利潤。然而馬雲與領導人對未來的戰略的看法不一致。

領導人認為：「電子商務未來的發展方向應該以EDI（電子資料交換）為中心，應該對客戶進行控制，應該去為國有企業服務」；而馬雲認為：「應該把互聯網作為電子商務未來發展的方向，應該透過對客戶創造價值，來讓客戶永遠跟著你；而且隨著中國未來進入WTO，中小型企業才是我們應該爭取的對象。」理念不一樣的時候，老闆永遠是對的。馬雲不能改變他，於是選擇了改變自己，走人。

自此，馬雲就有了一個堅定的信念，再創辦公司的時候，永遠不會去控股一家公司，再去融資，也永遠提防著因為風險投資商給的錢太多，而使得阿里巴巴失去獨立自主的權利。

【馬雲 生意經】

對於剛剛起步的創業者來說，融資固然是一件要緊的事，如果低估了企業的資金需要，而導致籌集的資金太少，會直接影響公司的正常運行。可是當公司漸入軌道，特別是有一堆VC圍繞著你轉的時候，創業者就容易迷失方向，而融資過多。

常言道：「老虎吃天，無法下口。」意思是貪心太重，想一口氣吞下過多的食物，結果可想而知，當然是不可能的。

很多老闆，特別是剛剛創業的小老闆們卻是最容易犯這種「妄想吃天」的毛病，盲目融資，以為籌集到的資金愈多愈好。結果，什麼時候丟了公司的主權都不知道。而且往細裡研究，過度融資往往是弊大於利，害處多多。

首先，過度融資會向人們傳達錯誤的資訊，公司內部的員工會認為公司營運狀況良好，而且都是他們的功勞，從而導致他們迫切要求提高

永遠記住這一點：誰對你信任，你就要用所有的精力和能力去為他們服務。只有對得起所有信任你的人，你才能走得更遠、更久。

薪資待遇與福利；現金被用於不必要的補貼與辦公室環硬體設等。

而一旦客戶認為該公司富有，就會以種種理由更理直氣壯地延長付款的時間。公司的員工會以為創業的艱辛已經過去，享受成果的幸福已經來臨，從而放緩前進的腳步，甚至是從此不思進取。另外，還會因為過度融資減少投資回報率，結果給下一輪融資帶來不利的影響。

綜上所述，創業者在進行項目籌資時，一定要尋求一個平衡點，做到既有利於目前公司的運行，又有利於公司未來業務的開展。

學會如何用花錢來賺錢

要獲得風險投資，最好要說怎樣去賺錢，而不是說怎樣去免費。阿里巴巴賺錢是給風險投資商最好的禮物。

馬雲說：「投資者給你錢的時候，你記住有一天你一定要還他。」他的這種對風險投資的態度，曾透過《贏在中國》傳遞給選手：「對風險投資一定要想清楚了再說，千萬不要跟VC講我拿了你的錢去免費，不然VC會怕……你做的每一筆生意必須賺錢，要獲得風險投資，最好要說怎樣去賺錢，而不是說怎樣去免費」。風險投資商的工作就是選好苗子「押寶下注」。因而，他們更關心創業者是否能給他帶來更多的利潤。這時候，往往就是考驗創業者懂不懂得透過融資來的錢去賺更多的錢回報給風險投資商的時候。

對於馬雲和阿里巴巴，孫正義顯然是押對寶了。在孫正義之前，並沒有多少人能認識到阿里巴巴的價值。在很長的一段時間裡，阿里巴巴只是一個為供應商和採購商牽線搭橋的免費平台，加上初期的馬雲還沒有找到好的贏利模式，所以很少有人會相信阿里巴巴網站能有什麼前途可言。

「如果我們不相信自己能賺錢，投資者就不會給我們錢，但是投資者的耐心是有限的，他等了3年以後說，你得給我證明看你能賺錢，我2002年就證明給他看，阿里巴巴並非只會燒錢，我們賺錢了。」這年年底，阿里巴巴全面實現贏利600萬元人民幣。2003年，阿里巴巴實現每天營業收入100萬元人民幣，次年實現每天利潤100萬元，再來是每天納稅100萬元。

阿里巴巴賺錢無疑是給風險投資商最好的禮物。有一次，馬雲在接受電視採訪時說：「我從2000年拿到錢，2003年到2004年，融了8000多萬美元，阿里巴巴4年以內每個季度的業績報告從來沒有一個季度讓投資者失望過。既然你說到的都做到了，每個季度的董事會開會到後面的報告都一樣，你還要說什麼？你要錢，人家一定會放在桌子上面。」

2004年，馬雲開始做淘寶，為了打敗eBay，他拿出了1億人民幣，準備與之做長期抗戰，而這一筆錢就來源於軟銀。

從來都是花自己錢的馬雲，在第一次融資後，更懂得如何花錢。馬雲說：「自己知道花別人的錢要比花自己的錢更加痛苦，所以更要一點一滴地把事情做好，這是最重要的。」2005年，「阿雅」聯姻，孫正義讓出450萬淘寶股份，套現3.5億美元，獲利頗豐。從這個意義上說，阿里巴巴確實幫風險投資商賺了錢。在馬雲看來，融資的目的不是學習花錢，而是要學習怎樣花錢來做事。

【馬雲 生意經】

在所有注意到阿里巴巴的投資公司中，最早到阿里巴巴進行實地考察的是匯亞基金。當時匯亞基金的考察團對阿里巴巴的辦公地點——湖畔花園進行了地毯式考察，尤其是對馬雲個人的歷史、目前在互聯網行業的地位和名望、阿里巴巴員工的素質等等，都要嚴格地考評。目的就是要從中看出公司的發展前景，說白了就是考察將來阿里巴巴幫他們賺錢的能力有多大。

這是一個很現實的問題，世界上的任何一家風險投資商肯把自己的錢拿出來，不外乎是因為你能夠給他帶來豐厚的回報。光憑這一點，創業者想要成功融資，就一定要充分要向投資人展示自己即將推出的產品或服務得到消費者的青睞和肯定或者已被消費者所採用，以此來表明將來的錢景。肯定產品會受到消費者的喜愛和讚美也是融資通往成功之路的重要保證。

而對於創業者來說，千萬要記住融資的目的是為了投資，使公司的規模擴大、增加利潤，而絕不是為了揮霍享受或者他用。世面上，好些人在透過融資籌集到錢款之後，便把承諾的項目完全拋在腦後，把錢轉投別處，甚至把大把大把的鈔票用於吃喝玩樂之中。這種例子比比皆是。不難想像，不僅該投資項目最後泡了湯，而且公司本身的經營基礎也發生了動搖。這種老闆的下場是可想而知，不必贅言。

所以，創業者們務必要記住，融資不易，成功融資意味著要背負更大的責任，得來的錢千萬不要輕易花掉，更不能揮霍和浪費，對於「借來的錢」的使用，要慎之又慎。

上市就像加油站

我們說上市就像我們的加油站，不要到了加油站，就停下來不走，還得走，繼續走。

2007年11月6日，阿里巴巴在香港上市。第一天登錄港股，收盤價即達到39.5港元，比起發行價13.5港元，翻了近三倍。阿里巴巴身價大漲，於是成就了一場最大的「造富運動」。象徵性持股5%的馬雲，也向阿里巴巴的員工兌現了創業之初「發展成果由員工共享」的承諾。

在定股票發行價一事上，馬雲坦言：「投資者的熱情超出了我們的意料，上市前夕，根據銀行的估計，阿里巴巴的價格可以是原來的2倍多，當時在阿里內部發行價定在13.5港元，即便是定在19港元、20港元也可以賣出去。」

這個時候，馬雲就問自己：「對多少價格是有信心的？對員工負責，對股東負責，對未來的股東和今天加入的股東是不是也能負責任？」

當時，只要馬雲多定價一塊錢，公司就可以多收10億元的現金。但是，這時候的馬雲也意識到，IT圈子把自己當英雄了，如果自己真把自己當英雄，那麼問題就來了。所以，他決定價格不提高，還是13.5港元。也正因為馬雲的這份清醒，面對幾個月後，股價大跌，阿里巴巴的市值一下子縮水了一半之時，馬雲說：「我不關心，企業發展比股價漲落更重要，且我問心無愧。」當然，這是後話。

關於上市，馬雲說：「阿里巴巴上市是個自然過程，不是為了錢，因為融資對阿里巴巴來說是容易的事情，創辦一家偉大的公司才真的比上市重要」。阿里巴巴的定位是「為中小企業服務」，馬雲謙虛地認為：「它還是個小公司，未來的路還很長，上市只是個加油站，阿里巴巴要做持續發展102年的公司，還有九十幾年的發展時間，還要一如既往的發展中國的電子商務。」

融資之後的阿里巴巴，根據當時的招股書顯示：「融資額的約60%將用於策略性收購或業務發展。收購的主要方向有三：一是用於提高用戶價值新技術；二是擁有其他客戶資源的新平台；三是能與阿里巴巴B2B產生協同效應的電子商務應用，為現有用戶提供更多的電子商務應用。」

的確，阿里巴巴上市，加速了他們打通電子商務完整生態鏈的進程。衛哲詳細解釋了「電子商務生態鏈」的概念：「構建完整的生態鏈，是要幫助企業打通物流和資金流，從而實現『Meet at Alibaba』到『Work at Alibaba』的轉變。阿里巴巴將從幫助企業簡單地尋找商機，轉變為真正幫助企業實現管理和運作。」

【馬雲 生意經】

成功上市，對於一個公司而言，好處多多。上市會使公司營運的資金更加充裕，公司的管理會更加規範，公司的知名度及品牌影響也會進一步擴大。阿里巴巴在上市之前已經是B2B市場的龍頭老大，上市之後，優勢得到鞏固，有利於進一步引領這個市場的發展。

阿里巴巴上市之時，受到了熱烈追捧。其中一個重要的原因，就是互聯網本身就是一個非常有潛力的行業。中國人口眾多，是一個快速發展的經濟體，這種發展對互聯網有巨大的需求，巨大的需求帶來了巨大的商機，促成了阿里巴巴。

此外，跟馬雲這個人以及整個公司源源不絕的創造力也有很大關係。馬雲是一位非常聰明、非常精明的企業家，他知道像互聯網這樣的產業，資本固然重要，但人才更是關鍵。他懂得透過股權激勵等手段激勵經營團隊的積極性。

馬雲說：「2007年是我最緊張的一年，我不覺得上市是繁榮時期，股市繁榮並不意味著真的繁榮。任何一個繁榮就像一個生態系統，有自己的春夏秋冬。企業是一個人，而環境是春夏秋冬。夏天過去，意味著冬天就會到來。夏天最主要的工作，是準備冬天的來臨，無論是冬天還是夏天都要冷靜」。所以，他把繁榮稱為夏天，「夏天要少做運動，多思考、多靜養」。中國還沒有一個真正強大的互聯網公司，但是在技術不斷創新的情況下，中國會誕生世界級的互聯網公司。在阿里巴巴內部，提了這樣一個目標：「十年以內，希望世界上三大互聯網公司中有一家是阿里的。」阿里人希望「憑藉自己的努力打進世界五百強，還要成為世界最佳雇主。」

上當不是別人太狡猾，而是自己太貪

上當不是別人太狡猾，而是自己太貪，是因為自己才會上當。

馬雲在創業的過程中，也曾有過被騙的經歷。當時馬雲創辦的中國黃頁在全國聲名鵲起，引來各大媒體的相繼報導，發展形勢一片大好。馬雲對自己的成果充滿信心。

「某一天，從深圳來了幾個生意人找到我，表示希望與中國黃頁進行合作，願意成為中國黃頁在深圳地區的總代理，並一次性開出20萬的價碼。我正缺錢呢，一聽，自然大喜，20萬對中國黃頁來說無疑是一筆鉅款。於是，江湖經驗不足的我，幾乎是不假思索地就答應了對方的合作要求。連書面合作協定都沒簽，就把中國黃頁的核心商業模式和技術精髓全都無私奉獻了出來。為了讓對方看到中國黃頁團隊的作戰效率，我還親自帶領了公司幾位骨幹技術人員跑到深圳，晝夜不停地給對方架構開發系統。做完之後，對方非常滿意，表示三天之後就到杭州跟中國黃頁簽定合作協定。」

於是，馬雲就樂癲癲地回到了杭州，全心等著對方來簽合同。幻想著合同一簽，就有20萬資金進帳，那種感覺對於缺少資金的馬雲來說，別提有多爽了。但是日子一天天過去了，馬雲就是等不來對方的蹤影。等馬雲出去一打聽，發現對方在深圳召開了新聞發佈會，宣佈自己的企業開發了一個非常漂亮的網站。馬雲上網一看，對方的網站跟中國黃頁的一模一樣。真是晴天霹靂。這時候的馬雲才意識到自己被騙了。在窮困潦倒的情況下，又被騙，那可能是馬雲創業生涯中最重大的打擊之一。

後來功成名就的馬雲，曾多次在演講中提到那次受騙的經歷：「每一個人都很平凡，我馬雲也沒什麼了不起，這幾年被媒體到處吹捧，其實自己很難為情。我一點兒也不聰明，也沒有先見之明，只是一步一步走來，剛開始創業時被4家公司騙得暈頭轉向，但是那些騙人的公司今天都已經不復存在了。」他總結說：「上當不是別人太狡猾，而是自己太貪，是因為自己才會上當。」

馬雲的另外一次被騙經歷是跟杭州電信做合資企業的時候。那時候，擁有2.4億人民幣註冊資本的杭州電信見弄不死註冊資本是5萬人民幣的中國黃頁，於是，兩邊坐下來談合作。杭州電信提議進行合資企業，他投140萬人民幣，馬雲一聽140萬人民幣，立刻心花怒放，想有這麼多錢，再加上對方的資源，可以做多少事情啊，於是他腦袋一拍就幹了。但其實杭州電信想的是：「我出一百四十萬，就可以把你給滅了。」後來，馬雲終於明白：「你拿到了錢，但是丟掉了原本最寶貴的東西。」

【馬雲 生意經】

俗話說得好，「人為財死，鳥為食亡！」無論你是兵還是賊，這世界上沒有任何事可以敵得過貪念的誘惑。精神境界再高尚你也要生存、吃飯，這就是現實。人類文明愈發達，人的欲望就愈多，貪念就愈大，就愈經不起誘惑，於是頻頻上當。這種事情，就常發生在產錢最多的地方——商界。

馬雲在《贏在中國》做評委的時候，曾對一名選手說：「商業社會經常上當，上當不是別人太狡猾，而是自己太貪，是因為自己貪才會上當……騙別人的人有一天一定會倒楣，而要不上當就得讓自己能扛得住誘惑，扛得住貪。」的確，這個世界的敵人無論怎麼強大，遠遠沒有人類自身的貪欲來得強大。而人往往要吃過貪欲的虧之後，才懂得拒絕貪欲的誘惑，就像馬雲。

經一事長一智，如果已經吃過虧，那麼就當那是一種經歷，日後別犯同樣的錯誤；如果未經歷過，那就擦亮雙眼，明辨是非。在提防別人的同時，也堅守自己的人生信條，相信只有大胸懷，寬視野，講究誠信的企業才能持續地發展下去。

五、品牌定位：阿里巴巴是一家服務性的公司

馬雲給阿里巴巴的定位是一家服務性的公司，旨在幫助中小企業在網站上收集其他人的資訊，在網上促成交易，從而把企業的產品推到全國、全世界。

馬雲認為：「在服務型的企業裡，服務是最昂貴的產品，服務也是將來的一個趨勢。所以最佳的服務就是不要服務，最好的服務就是不需要服務，完善好一個良好的體系最重要，把這個做好，讓你的客戶不需要服務。」

今天是用電子商務幫助客戶成功，如果明天有更好的方法幫助客戶成功的話，他一定會扔掉電子商務把它經營起來，客戶是最重要的，用什麼樣的辦法並不重要。未來的電子商務的贏家一定是能把傳統企業和電子商務結合好的企業。但馬雲也很坦誠地告訴客戶，企業要成長需要很多人的共同努力，而電子商務只是一種工具，是企業發展中運用的一種手段，不是救命稻草。

將電子商務還給商人

將電子商務還給商人，就是讓商人來決定需要什麼樣的電子商務，用商人能聽懂的語言，開發商人能使用的技術，讓商人來控制電子商務的發展。

亞洲是出口導向型經濟，是全球最大的出口供應基地，中小供應商密集，但眾多的小出口商，由於管道不暢，而受制於大貿易公司。馬雲要做的就是幫助那些數不清的中小企業，將它們帶到美洲、歐洲等更廣闊的市場。

「讓天下沒有難做的生意！」所以馬雲並不認同「阿里巴巴是一家電子商務公司」的這種說法，他覺得「阿里巴巴是一家商務服務公司」。

電子商務就是利用先進的平台，增加貿易機會、提高生產和貿易效率、降低生產和貿易成本。再好的技術、再完美的產品得不到市場的認可，就不會對社會生產產生影響。

因此，一個產品、一種服務的好壞不是由評論家或媒體來判斷，而是要看企業是否從中獲益。馬雲倡導將電子商務還給商人。將電子商務還給商人，就是讓商人來決定需要什麼樣的電子商務。用商人能聽懂的語言，開發商人能使用的技術，讓商人來控制電子商務的發展。

「我們以網路為平台幫助我們的客戶，把客戶變成電子商務公司。如果明天發現有一樣東西比互聯網更好，我們就會用那種方法。我們不要成為高科技公司，那是為了拿優惠政策。跟客戶講的時候你愈低愈好，你跟客戶說你是高科技，客戶會崇拜地看著你，但不會買你的產品。因為高科技太遠了。我們講高科技是說給別人聽的，你自己都相信了，那就麻煩了。」所以，阿里巴巴不是高科技，不是IT企業，而是商務服務公司。馬雲覺得：「互聯網不是什麼高深的東西，它就是一個工具，電子商務也只是一個工具，而技術是為人服務的。當你拿到這個工具之後，回家自己解決問題，這才是真正的電子商務。它跟傳真、電話沒什麼區別，只不過是把傳真、電話、網路、電腦、電視、報紙、媒體結合在一起的工具。」馬雲如是說。

今天的阿里巴巴之所以能夠發展得這麼好，受到這麼多商人的歡迎，很大一部分原因是馬雲不懂得技術，因為他不懂得，相信天下85%的人都跟他一樣，就此要求阿里巴巴出品都得簡單便捷容易操作，不需要看說明書，一點擊便會。

「發展技術的宗旨是把麻煩留給自己，方便帶給用戶。大部分的用戶都不是專家，所以技術一定要親切、簡單，無論背後多複雜，多高、精、尖，用戶使用的時候一定就是點點滑鼠那麼簡單，就像傻瓜相機一樣，一按快門，不用管什麼光圈、速度，但傻瓜相機絕對是由高技術支援的。」

誰都不希望因為一項服務弄得用戶暈頭轉向。要讓電子商務更好地被商人接受，電子商務才會是所有商人都能使用的工具，電子商務才能真正還給商人。

【馬雲 生意經】

每次遇到自己的客戶，馬雲總是和他們探討如何創辦、經營企業。馬雲認為：「辦企業，首先，你要想好自己到底想要幹什麼？然後才能擺脫各種誘惑，照著這個思路一路走下去，其次，你要知道哪些事情該做，哪些事情不該做！選擇具有長遠空間的業務去發展。」

正是這種勸告式的推銷，使阿里巴巴獲得了客戶的信賴。馬雲說：「阿里巴巴的目標很明確，首先是幫助客戶賺錢，再過幾年幫助他們快樂地賺錢，再過幾年幫助他們賺大錢，最後幫他們省錢。阿里巴巴可以改變一切，但不改變『讓天下沒有難做的生意』這個使命。」

未來電子商務的贏家絕對不是純傳統企業，也不是純網路公司，未來的贏家一定是能把傳統企業和電子商務結合好的企業。

馬雲很坦誠地告訴客戶：「企業要成長需要做很多工作，電子商務作為一種工具，不是救命稻草，它只是企業發展中運用的一種手段。所以，投多少錢進去要三思而後行。有效果就多投，沒有效果就少投。而對於為什麼沒有效果，這也需要多方面思考，搞清是電子商務本身的問題還是企業內部的問題。」

不可否認，基於網路的電子商務，的確能夠提高企業的經營效率和透明度，但大家一定不能誤解了電子商務的內涵：「電子只是手段，商務才是本質。」如果不是從企業商務的實際需要出發，而只是做給大眾看，甚至只是盲目地追隨潮流而做，電子商務也只是徒有虛名。許多網站對經營模式的宣傳遠遠超過了商務過程本身。這是捨本逐末、緣木求魚的做法，終會導致企業的失敗。

事業的順序，永遠要做好一個，再做第二個。不要妄想一開始就多元化經營。

要定位準確，不可能每一個人都用你的產品

不可能每一個人都用你的產品，你要定位準確。少做就是多做，不要貪多，做精、做透才是最好。

馬雲把大企業比作「鯨魚」，小企業稱為「蝦米」。而阿里巴巴就是為那些中小企業服務的，他從一開始就沒有打算要讓全世界的人都用他的產品，至少大企業不是他服務的目標。

國外的 B2B 都是以「捕捉鯨魚」為主，因為鯨魚有油水，資金、人力、技術都很充足，像 Commerce One、Ariba 這樣的歐美公司來到中國，他們的目標也是尋找鯨魚。可惜中國沒有多少鯨魚，即便為數不多的那麼幾條鯨魚，也存在質量問題。

而且馬雲在做中國黃頁的時候，有過這樣的經歷，要和大公司，特別是國有企業的領導者談一個項目，至少要談 13 次才能說服對方，但與浙江義烏一帶的小公司們談生意，一般去 3 趟就可以搞定全部。亞洲是最大的出口基地，身處國內的中小企業要做出口並沒有像大企業那麼

有實力有資源，綜合一考慮，馬雲相信做中小企業的電子商務更有希望，於是阿里巴巴就確立了「只幫助中小企業出口」的核心宗旨。可以說，這種以服務中小企業為主的模式也是阿里巴巴獨創的。

阿里巴巴異軍突起，很快就成為全世界 B2B 領域裡的 No.1，無論訪問量、客戶數量都是第一位的，原因很簡單，就是馬雲不貪多，定位準確：「只為中小企業服務」，並且確確實實地發揮了自己想要有的作用。

首先，阿里巴巴因著「為中小企業打開世界生意之門」的這個理念，採用了免費制度，快速地匯聚了大批中小企業的加入。堅持這樣一種模式是需要堅毅的精神的。在遭遇互聯網寒冬的 2001 年馬雲為公司定了一個目標，要做最後一個站著的人。這種搶先圈地的模式一直堅持下來並貫徹至今。

如果僅僅逗留在把人聚集起來上，別人也不會認同阿里巴巴。馬雲的第二步是利用第一步的成功，緊接著開展了企業的信用認證。信用對於重建市場經濟和經濟剛起飛的中國市場交易是攔路虎，電子商務尤為突出。馬雲抓住了這個關鍵問題，2002 年力排眾議創新了中國的互聯網上的企業誠信認證方式。如果說，這種方式在普遍講誠信的發達國家是多餘的，在中國則是恰逢其時了。阿里巴巴既依靠了國內外的信用評等機構的優勢，又結合了企業網上行為的評價，恰當配合了國家和社會對於信用的提倡。於是中小企業在網上做生意，就更加有保障。

阿里巴巴的第三步就是當時他掌握了 5000 家外商採購企業的名單，這就實實在在幫助中國企業出口了。確實有效果地幫助了中小企業進行網上交易，阿里巴巴自然跟著成功。

「讓別人去跟著鯨魚跑吧。」馬雲說，「我們只要抓些小蝦米。」

【馬雲 生意經】

定位，是現代企業營銷中的一個重要步驟。在當今市場上，面對競爭，想要獲得成功的最佳途徑就是有選擇地把精力集中在一個狹小的目標上，進行市場劃分，其目的是把設計或銷售的產品針對一定時期，一定範圍，一定目標客戶，進行有目的的設計、生產、銷售，使得企業能在飽和的市場上為自己的產品開闢出特有領域。可以說「定位」是企業策劃操作過程中一個必不可少的環節，它能避免閉門造車的現象。

營銷大師菲力浦・科特勒說：「定位就是對公司的產品進行設計，從而使其能在目標顧客心目中佔用一個獨特的、有價值的位置的行動。」

里斯和特勞特則在他們的著作《定位》中強調，「定位不是你對產品要做的事，而是你對預期客戶要做的事。」換句話說，「你要在預期客戶的頭腦裡給產品定位。」通俗地講，新產品定位是確定企業的產品在潛在顧客或消費者心目中的形象和地位，即企業對選擇怎樣的產品特徵及產品組合以滿足特定市場需求的決策，這是新產品設計首先應明確的問題，它是企業生產經營活動的基礎。

新產品定位是針對產品開展的，其核心是產品為其服務。因此，新產品定位要針對當前的和潛在的顧客需求，開展適當的市場調查活動，以使其在顧客心目中得到一個獨特的有價值的位置。在潛在顧客心目中，每一種產品類型都存在某種無形的階梯，在階梯頂端的是他們心目中的市場主導品牌。定位的策略，就是為你的產品在這個階梯上找到一個合適的位置。

馬雲就成功為阿里巴巴在中小企業中找到了合適的位置。他一開始就知道「不可能每一個人都用你的產品，你要定位準確。少做就是多做，不要貪多，做精做透才是最好。」

他認為：「如果企業也分成富人窮人的話，那麼互聯網就是窮人的世界。因為大企業有自己專門的資訊管道，有巨額廣告費，小企業什麼都沒有，他們才是最需要互聯網的人。」於是，阿里巴巴就領導著窮人起來「鬧革命」。

馬雲預測：「網路的普及將是對大公司模式的終結。在工業時代，一家公司要向全世界擴張必須擁有雄厚的資本，並藉助開設海外分公司、辦事處等方式才能如願以償。但在網路時代，一家公司要進入他國市場並不需要太多的資金，網路的即時和大量資訊使中小企業可以獲得原先只有國際公司才能獲得的商機。」最後，馬雲證實了自己當初的想法，阿里巴巴獲得了廣大中小企業的認可。這要歸因於他對阿里巴巴定位的準確。

深入市場了解客戶

必須先去了解市場和客戶的需求，然後再去找相關的技術解決方案，這樣成功的可能性才會更大。

簡單來說，阿里巴巴要提供的是這樣一個平台：「將全球中小企業的進出口資訊彙集起來。」因此，「傾聽客戶的聲音，滿足客戶的需求」是阿里巴巴生存與發展的根基。為此，馬雲非常注重市場調查，就拿創業初期，為公司取「阿里巴巴」這個名字的過程來說。最初，馬雲和他的同事們準備了100多個網站的名稱，但都不是很滿意。直到有一次，馬雲出差到美國，在餐館用餐的時候，他忽然有了靈感：「互聯網就是一個寶藏，等待著人們去挖掘」。想到「寶藏」，馬雲立刻想到了阿拉伯神話中開啟寶藏之門的那句婦孺皆知的「阿里巴巴，芝麻開門」。這句話隨著《一千零一夜》的神話故事，在全世界廣泛傳播。

但是，阿里巴巴到底有多高的知名度呢？馬雲心裡還是沒有底，他決定來一個現場調查。

他把餐廳的侍者叫了來，問他：「知不知道阿里巴巴？」這個侍者滿面含笑地回答道：「當然，阿里巴巴，芝麻開門！」馬雲按捺不住心頭的高興，立即跑到大街上，隨便拉住了幾個人，問他們知道阿里巴巴嗎？讓馬雲興奮的是，幾乎所有的人都向馬雲說出了「阿里巴巴，芝麻開門」這句話，馬雲還有點不放心：「美國人都知道阿里巴巴，那麼其他國家的人呢？全世界的人們呢？」於是，他又打電話給世界各地的朋友，讓他們幫助自己做一個小小的調查。得到的資訊幾乎都是一樣的，那就是──「阿里巴巴，芝麻開門！」

經過這一番調查，最後，馬雲決定使用「阿里巴巴」這個名稱。事實也證明，馬雲的選擇是多麼的正確。現在，「阿里巴巴」更是讓全世界的人都記住了這個名字，並且讓他們知道這不僅僅是一個神話中的名字！

而支付寶的誕生，同樣是經過對市場認真發掘的結果。阿里巴巴和淘寶成功連接之後，網上購物的消費方式成了新時尚。無奈交易雙方如何安全付款，仍然是個懸而未決的事情，制約著網上購物的發展。對此，馬雲透過對市場的深入調研，2004年的12月，「支付寶」誕生。

為了解決網上交易的安全支付問題，阿里巴巴與各大銀行合作，共同打造了「支付寶」線上支付工具。支付寶用戶生活中的各種消費和結算，幾乎都能夠透過「支付寶」這個平台來實現，例如網上購物、手機充值、訂購機票、生活繳費、購買彩票、收取AA（針對朋友聚餐、K歌等各自付費收款）費用、快速還款等等。這種便捷安全的特性，一下子激爆了網上交易。正是由於支付寶對於網上交易的貢獻，它被譽為「電子商務發展的一個里程碑」。

作為中國第二大貿易夥伴的日本，在阿里巴巴業務中也佔有相當重要的地位。30%以上的客戶都在從事日本貿易，日本的中小企業並不習慣英文的貿易平台網站，阿里巴巴為此打造一個全新日文為主的中日之間的貿易平台。

可以說，今天阿里巴巴的成功，很大一部分要歸功於阿里人貼近市場、努力考察市場、適應市場需要的結果。

【馬雲 生意經】

對於身處於市場的創業者來說，是否能準確定位目標市場，將直接影響到未來是否能夠完成創業目標，並且事關企業市場營銷戰略的制定與實現。因此，創業者必須進行嚴密的市場調查，根據目標客戶對產品、服務的不同需求、不同的購買方式與習慣，進而把整個市場劃分為若干個子市場，然後再從中尋覓真正屬於自己的空白點。

能夠正確選擇市場，直接決定著公司日後發展所需的一連串戰略的確定，也決定了公司未來發展後勁的「先天條件」。所以創業者必須在深入進行市場細分化的基礎上，尋找一個理想的目標市場。

正確選擇市場，有利於更準確地發現客戶需求的差異性以及需求被滿足的程度，從而更好地抓住市場機會，迴避市場風險；還可以清楚地掌握競爭對手在各細分市場上的競爭實力和市場佔有率，以便更好地發揮自己的競爭優勢，選擇最有效的目標市場。

對於初創業的人來說，由於自己的公司資源以及市場經營能力有限，在整個市場上根本不是那些成熟的大、中企業的對手，因此只能在選準市場的基礎上，填補他們的空缺。換句話說也就是拾遺補缺，然後見縫插針，將整體劣勢變為局部優勢，從而找到立足之地，使自己在競爭中不斷發展和壯大。

準確選擇了目標市場之後，它就變得小而具體了，因為規模的細分，特點即顯而易見，客戶的需求清晰了，創業者就可以根據不同的產品和服務，制定出各自市場的營銷組合策略。另外，在市場被細分之後，資訊的反饋會變得比較靈敏，一旦客戶的需要發生了什麼變化，創業者就可以迅速根據變化了的情況，改變原來的營銷組合策略，制定出相應的對策，使營銷組合策略適應客戶不斷變化的需求。

客戶賺錢我們就一定能賺錢

到客戶那裡去的時候，眼睛裡不要都是客戶的錢，阿里巴巴是想為客戶多賺一點錢，然後在多出來的那一部分裡分一點。

阿里巴巴旨在「為中小企業服務」，馬雲對中小企業進行了詳細的調查。他發現：「中小企業商人頭腦精明、生命力強，相當務實，他們才不管你什麼戰略不戰略，能讓他賺更多錢的東西他就會用，所以，為中小企業服務，不能去想辦法幫他省錢，因為他的錢已經省到了骨頭上面了，而要幫助他們賺錢，讓他們透過網路發財……」

關於阿里巴巴為什麼會受到歡迎，馬雲說過這樣一段話：「因為阿里巴巴是他們（商人們）用來賺錢的工具。」我們不難看出，「幫助客戶賺錢」是馬雲心目中阿里巴巴的真實價值所在。對於阿里巴巴來說，電子商務這個產品，創造的社會價值是巨大的。不可否認的是，大量的企業是出於對利潤的渴求而被動地創造了社會價值，而不是先意識到他們產品的社會價值，然後才開始製造產品。阿里巴巴的不同恰恰在於他幾乎從一開始就意識到了產品是因為有社會價值而存在的。因此，馬雲反覆強調：「為客戶創造多一點價值是阿里巴巴的責任。」

同時，馬雲還告訴他的銷售人員：「當一個銷售人員腦子裡想的都是錢的時候，你連寫字樓都進不去，你發現寫字樓裡面很多條子寫什麼？謝絕銷售。而且銷售人員絕大部分都穿得差不多的。保安馬上能夠給你領出去，因為你腦子裡想的都是如何賺別人的錢，如果你覺得我這個產品是幫助客戶成功，幫助別人成功，這個產品對別人有用，那你的自信心會很強。絕大多數做生意的人想人家口袋裡面五塊錢，看到張三口袋裡面五塊錢他想怎麼把這個錢弄到我口袋裡面。幾乎所有人都這麼想，而你希望成就一個偉大企業，希望企業做成像海爾、海信，像GE、IBM、微軟這樣的企業，你要想的是如何用我的產品幫助客戶將口袋裡的五塊錢變成四、五十塊錢，然後從多出來的錢裡面拿到我要的四、五塊錢。」

所以，在阿里巴巴，所有的銷售人員必須回杭州總部，進行為期一個月的學習、訓練，主要的學習訓練不是銷售技能，學習的是價值觀、使命感。

從終極目標上來說，為社會創造價值是企業的目的，也是支撐企業做大的根本原因。阿里巴巴或者說電子商務的社會價值體現為：「消滅了很多貿易中的中間費用，為更多的貿易機會創造了條件。」馬雲把這種價值表達為「為客戶賺錢」。

在有了這樣一個願景和使命以後，馬雲幾乎把它們提升到企業命脈的地位上，在被阿里巴巴稱為「六脈神劍」的價值觀表達中，「客戶第一」作為把公司業務層面和阿里巴巴的遠大目標所聯繫起來的點，被置於價值觀金字塔的最高端，並且做了詳細的闡述：「客戶是衣食父母。無論何種狀況，始終微笑面對客戶，體現尊重和誠意。在堅持原則的基礎上，用客戶喜歡的方式對待客戶。為客戶提供高附加值的服務，使客戶資源的利用最優化。平衡好客戶需求和公司利益，尋求並取得雙贏。關注客戶的關注點，為客戶提供建議和資訊，幫助客戶成長。」

可以說，阿里巴巴所有產品或服務的推出，都建立在這一價值觀的基礎上，「從客戶的角度出發，為客戶創造價值」，這也正是阿里巴巴為何受到客戶歡迎的根本原因。

【馬雲　生意經】

此消彼長的供需關係見證了商業社會的高速發展。供不應求時代已經一去不復返，取而代之的是供過於求時代，拓展客戶與維持客戶變得舉步維艱。在這樣的狀況下，阿里巴巴是怎樣維護好客戶並從客戶手裡賺到錢的？在銷售上有一句話叫：「你並不是賣給客戶一樣東西，而是賣給他這樣東西的使用價值。」

從阿里巴巴到淘寶再到支付寶，我們可以看出，馬雲想要實現的收費方式用一句話來概括，那就是在「用戶賺錢」的前提下，讓他們心甘情願的給錢；同時，市場的基礎要足夠大，使用戶給出的錢能夠滿足公司的營運需要並創造真正的利潤。想當初阿里巴巴做「誠信通」的時候也並不是那麼一帆風順的。

中國信用問題突出，世人皆知，但並不等於企業就願意參與你阿里巴巴的誠信通認證。在誘導企業繳費加入「誠信通」方面，阿里巴巴就巧妙地利用了它搶先圈地的成果——幾百萬的企業為它提供了大量的企業需求資訊。這對於60%加工能力過剩的中國企業來說是非常寶貴的資訊。阿里巴巴僅僅對於透過「誠信通」的企業提供需求資訊，還透過電子郵件一年提供3600條。這些需求資訊對於眾多千方百計尋求訂單的企業來說，其價值不言而喻，最起碼也有把握現實的市場動態的參考價值。阿里巴巴為企業提供了有用的資訊，幫助企業打開生意之門，企業賺了錢，自然就願意為「誠信通」買單。

同樣的，淘寶雖然遲遲未能贏利，但當初淘寶以免費政策打敗了易趣，成功圈到地，就已經為贏利跨出了第一步。淘寶深知並未幫助客戶口袋裡的五塊錢變成四、五十塊錢，自然不會想從客戶身上拿走那原有的「五塊錢」。而易趣則不同，它被批評「就好像收費的地主一樣，一心想著收取會員的費用，從功能完善上說的確有很多好功能，但是全部是要收費的，沒有付費就使用不了。對待會員的問題和反饋等，承諾了而沒有確實履行！在誠信方面沒有落實到實處。」最後使會員失去對網站的忠誠度，導致會員大量流失，網站的品牌下降，從側面成全了淘寶的發展。

多年來，淘寶始終沒有收費。但為了更好地幫助店家，淘寶積極地收集會員的心聲。在論壇裡有專門會員意見，有專門的人員負責回覆；積極地參與會員的交易當中，雖然淘寶裡，有一些會員有欺騙行為，但是事後，淘寶積極的參與他們的交易裡，積極的和會員一起解決問題；從功能和會員管理制度上，淘寶都在盡力貼近會員的實際需求；除此之外，淘寶還積極地組織會員進行網下交流活動和培訓等。

當然，如果有一天，淘寶培育好了馬雲和他的高層們所認為的「足夠的市場基礎」以後，也是要進入收費時期的，但前提是「淘寶為客戶創造了足夠的價值」。

碰到災難第一個想到的是你的客戶

碰到災難第一個想到的是你的客戶，第二想到你的員工，其他才是想對手。

2003年4月11日，「非典」時期，阿里巴巴的一位工作人員飛往廣州參加廣交會（中國進出口商品交易會），她在那待了整整7天。這樣冒險，並不是因為她不知道廣州的疫情，而是阿里巴巴向來都是以客戶第一，公司已經承諾了客戶會去參加廣交會，無論如何，阿里巴巴都要去。

忙完那7天飛回杭州以後，這位員工就出現了「鼻塞、咽痛、流涕」等症狀，醫生給她開藥，口服後症狀並未明顯緩解，她就自行停藥。尚未痊癒的她，選擇繼續去公司上班。幾天以後，她高燒到了39.1度；被送進醫院，當天下午六時，經過浙江省、杭州市「非典」專家組會診後，診斷她為「非典疑似病例」。

確診後，由於她的活動範圍很大，接觸人員也多，為了阻斷所有可能的「非典」病毒傳播管道，從5月4日起，杭州實施了自4月19日發生「非典」疫情以來最大規模的隔離措施：涉及患者住家所在大樓、所在單位的500人，還有近百名醫務人員和相關病人全部隔離。而為隔離區服務的醫務人員、社區街道幹部、公安保安、環衛工人，則有數千人之多。

2003年5月6日下午4點，戴著大口罩的馬雲，向大家宣佈了這個消息。同時，全體員工在家辦公的通知也已發出，大家戴上了口罩，抓緊時間打點家裡辦公所需的一切。在短短兩個小時內，工程部的技術人員就為員工家裡的電腦設置好了工作所需的必備裝置。

「在『非典』的時候，一天之內所有的交易服務都不受影響，所有流程全部更改。」那段時間，阿里巴巴的客戶會感覺比較奇怪，有時撥打服務電話，會傳來老人的聲音：「你好，這是阿里巴巴。」——阿里巴巴把服務電話也轉到了家裡。一位員工甚至再三囑咐自己的父親：「爸爸，有電話打進來，你一定要說：『你好，阿里巴巴。』」

「電話打到阿里巴巴去的時候會發生什麼事？都自動轉到所有的同事家裡了。特別是很多女同事一接，『你好，阿里巴巴』，我們當時把這叫做『天使般的聲音』。」關明生（阿里巴巴首席顧問）形容說。

「那段時間，我和關明生是全阿里兩個最沒用的人，因為無法參與其中，為客戶服務。當時我被關在家裡，身在香港的關明生也把自己關在家裡，我們兩個人每天瘋狂地打電話，一天甚至打幾百通。我有一張名單，我按照名單打給我們的同事，每個同事接電話的時候都說『你好，阿里巴巴』，這個聲音讓人非常興奮，我很高興我們阿里人即便在面臨這樣的危機，依然能夠如此團結敬業。」

在關明生看來，那是一場前所未有的危機，但也成了驗證阿里巴巴價值觀的最好時刻。當然，他認為「阿里人交出了合格甚至優秀的答卷」。儘管當時大家都在家裡上班，但那時的業績卻特別好：「5月7日，全體人員在家辦公的第一天，光中文站的買賣商機就突破了1250多條，創了新紀錄。」

【馬雲 生意經】

企業危機是企業在經營過程中出現的可能危及企業形象和生存的事件。在市場經濟的競爭環境下，隨著企業經濟交往的日益密切，企業行為也面臨著諸多的變數，由此帶來了更多的經營風險。

雖然非典是「天災」，但對於當初的阿里巴巴來說確實是一種危機。即便是在幾年之後的今天，提起那段經歷，馬雲仍然會立刻表情肅穆地說：「『非典』期間是我們最大的挑戰。」但也有人說，是非典成就了阿里巴巴。包括衛哲也曾表示，「沒有遇到『非典』，可能阿里巴巴就沒了，『非典』給阿里巴巴做了最大的推廣，當時是每個人被迫都必須要用網際網路的。」

原本，在「非典」最為猖狂的時刻，時任杭州市市長茅臨生專程到阿里巴巴公司考察了一個小時，他期望：「在這個特殊時期，電子商務能助貿易一臂之力，協助企業擺脫困境」。而在當時，專家們也普遍認為：「上網做生意，對大多數中小企業來說，是這個『非常時期』最可行、最安全的救市良方。」對於將目標鎖定在中小企業的阿里巴巴而言，這委實是個天賜良機。「最需要網上交易資訊的正是中小企業。」馬雲也如此表示。

在「非典」逐漸擴散的3月份，阿里巴巴正沉浸在每天新增會員3500人（比上一季度增長50%）的喜悅中。彼時，大量的老會員也強化了網上貿易的使用頻率以及深度和廣度；每天發佈的新增商業機會數量，達到9000~12000條（比2002年增長3倍）；國際採購商對商業機會的反饋數量比上一季度增長一倍；國際採購商對30種熱門中國商品的檢索數量增長4倍；中國供應商客戶數量比2002年同期增長2倍；每月有1.85億人次流覽；240多萬個買賣詢盤及反饋；來自全球的38萬專業買家和190萬會員透過阿里巴巴在尋找商機並進行各種交易。

在發現「非典」病例之後，阿里巴巴的辦公場所被隔離了12天，幾乎所有員工都在家辦公，但阿里巴巴並沒有被這次危機擊垮，反倒在危機中蒸蒸日上。正如外界有人評論的那樣「『非典』成就了馬雲、圓了阿里巴巴的夢」。當然，馬雲多年來堅持的「客戶第一」並為此做出的努力也頗為重要。一位著名企業家說：「沒有準備的企業在危機中消亡，優秀的企業能成功地安度危機，只有偉大的企業才能在危機中發現機遇。」馬雲和阿里人用事實證明了他們的偉大。

公關是個副產品

我給很多創業者一個建議，千萬別把災難當公關看，出現質量問題千萬不要覺得我可以透過告訴媒體「扳」回來，質量問題就是質量問題，必須把質量問題解決完畢，而公關只是一個副產品，由於你解決了以後它會逐漸傳出去，而不能召開新聞記者會回覆。

曾有網友問過馬雲「為什麼公關能力這麼強？」馬雲笑著說：「因為阿里巴巴有一個很能幹的公關隊伍；其次，阿里巴巴永遠講真話。而不是為了迎合什麼人而講他們愛聽的話。所有人都喜歡誠實的人，但是不是所有的人任何時候都說真話，如果你這麼做了，你就顯得與眾不同。最後，阿里巴巴有一支很好的團隊，他們做出來的產品非常適合做公關。」

話雖如此，但在阿里巴巴發展史上也曾遇到過一些危機問題，是有效的公關幫其度過了難關，其中「招財進寶」事件就是一個例子。

當年，「招財進寶」是淘寶網歷時半年時間研發出來的，它是淘寶網為願意透過付費推廣，而獲得更多成交的賣家提供的一種增值服務。於2006年5月10日新推出。然而，淘寶的這個服務並沒有獲得人們的認可，還釀成了一次大的風波。在推出短短的20天內就有6000多名賣家在網上簽名，聲稱要在6月1日集體罷市。

這可急壞了馬雲，他立即發表署名文章，對此事進行了解釋，馬雲說：

「由於淘寶網賣家增長非常快，推出這項服務是希望讓新的賣家獲得平等的競爭機會。但是，有的網友卻認為淘寶此舉恰恰違反了公平原則。三年不收費的承諾我們不會改變，『招財進寶』並不是為了收費。目前淘寶有2800萬件商品，不久甚至會有5000萬件，如果按照商品上線的時間來決定商品的位置的話，那麼後上線商品的交易機率將大大降低，淘寶希望藉由這一服務維持正常的市場秩序，透過『看不見的手』調節優化市場環境。」

但賣家們並沒有買馬雲的帳，事件並沒有因此而消停，於是2006年5月29日，馬雲又在淘寶論壇上以「風清揚」的署名發了一篇帖子。對「招財進寶」再次進行解釋。馬雲說：

「首先淘寶網承擔了阿里巴巴集團在未來五年內為中國創造一百萬就業機會的重要指標任務！做出三年免費的承諾是所有股東和董事們一致同意的嚴肅大事。阿里巴巴絕不會破壞，阿里巴巴公司擁有的現金儲備至少可以為淘寶網再免費二十年！今天的淘寶網不是要思考如何賺錢，而是要思考如何做成全世界最好的！」其次，馬雲強調，「淘寶的理想是實現一種能夠讓願意付費的人付費，不願意付費的人可以永遠免費的理想商業模式。淘寶網永遠秉承開拓創新，敢為天下先的精神。第三，淘寶未來三年內將會有5000萬～8000萬件。如果沒有好的管理辦法，會嚴重影響用戶的滿意度！所以，淘寶網做了一些大膽的嘗試。推出『招財進寶』[4]絕不是因為出於錢的考慮。」

遺憾的是，馬雲的解釋依然沒有得到大家的認可。於是馬雲決定使出最後的公關術：「投票」。既然「淘寶是大家的淘寶」，那就發起投票，由大家來決定「招財進寶」的生死。2006年6月12日，經過10天的網友投票，38%的用戶支持，61%的用戶反對，於是「招財進寶」被取消。事件終於平息下來。

事後，有媒體稱：「這種透過網友投票的方式來決定一項C2C網站新功能去留的做法在互聯網發展史上尚屬首例」。是的，它成功地挽救了一場危機。

【馬雲 生意經】

市場經濟條件下，競爭日趨激烈，雖然優質產品和優質服務是在競爭中取勝的基礎，但企業擴大知名度，宣傳產品形象，企業形象也至關重要，公關的價值就由此產生。公關的工作就是把企業內強素質，外聯發展的經營之道宣傳出去，展現企業技術實力、經濟實力、管理水平，人才資源以及精神風貌，透過提供可靠產品，維持良好售後服務等手段樹立企業良好形象。

公共關係有利於傳播正確資訊，排除公眾誤解，爭取諒解。這裡一方面是使一些社會上傳播的不真實的、容易引起公眾誤解、損害企業形象的資訊，透過公共關係活動得以弱化、消除。另一方面是當企業與公眾發生糾紛，或矛盾激化時，進行危機公共活動。

就像阿里巴巴的「招財進寶」事件，馬雲分析：「『招財進寶』受到抵制主要是因為推出之前與用戶的溝通沒做好。很多人在參與調查的時候還都沒用過，一聽說是收費，就認為凡是收費都是不好的。所以，『招財進寶』這個好東西就這麼被扭曲了」。好在馬雲進行了一連串有效的公關。

經過這次危機，馬雲總結說：「千萬別把災難當公關看，出現質量問題千萬不要覺得自己可以透過告訴媒體扳回來，質量問題就是質量問題，必須把質量問題先解決完畢。公關畢竟只是一個副產品，你解決問題以後它會逐漸傳出去的，你又不能召開新聞記者會答覆。錯了、承認、修改，這玩意兒說大不大，說特大可以搞出生命危險的問題。」

所以，馬雲覺得當年的張瑞敏，因為發現冰箱裡有一根髮絲，就把海爾的冰箱給砸了，就是一次成功的公關。但「不是說砸冰箱的時候叫媒體來給大家看，壞了就壞了，要有很好的心態看待這個災難，說這個災難我必須解決它，最後想到的是把災難變成優勢。千萬別一開始就說我要把這個公關災難變成一個好事，如果你心態是這樣的話，今後你的員工會不斷地製造災難。所以公關不是目的，解決問題才是最重要的問題。」

免費是世界上最昂貴的東西

免費是世界上最昂貴的東西。所以盡量不要免費。每一筆生意必須賺錢，免費不是一個好策略，它付出的代價會非常大。

免費策略在阿里巴巴的創業史上被多次運用。先說，當年，馬雲以50萬元起家的時候，中國互聯網先鋒瀛海威已經創辦了3年。瀛海威採用美國AOL的收費入網模式。而馬雲正好相反，採用的是免費策略，即對買家和賣家都是免費的，以此來建立阿里巴巴的用戶基礎。

阿里巴巴建立淘寶之後，淘寶就面臨著當時世界上最強大的C2C老大eBay的挑戰。eBay在北美市場靠向賣家收費而受到投資商青睞，它從一開始就盈利，而且獲利頗豐。在中國，eBay剛一併購易趣，很快就推行收費政策，直奔盈利主題。

而馬雲熟悉中國市場，認為：「2005年前後的中國C2C市場還不是一個該不該收費的問題。因為中國的C2C消費市場非常不成熟，還需要培育，重點在於完善資訊流、資金流、物流的產業鏈」。所以，馬雲宣佈：「中國的淘寶是免費的，而且3年內都將免費，阿里巴巴已經準備了5年的資金來支援淘寶的免費政策，並且投資商嫌我們花錢太慢……」

eBay中國曾指出：「『免費』不是一種商業模式」。則馬雲則認為：「長時間的免費，主要的目的是希望藉此降低門檻，吸引更多用戶，收費將扼殺用戶的積極性。」

儘管宣稱「免費」不是一種商業模式，迫於淘寶免費政策帶來的壓力，eBay中國也不得不嘗試「免費」。2005年12月20日，當eBay在中國推出「免費開店」的時候，馬雲認為：「兩者客戶數差距已超過20倍，eBay此時反擊已經太晚，它已失去翻身的機會。如果在此前一年半，易趣採取免費策略的話，淘寶今天的日子就沒有這麼好過了，但現在淘寶氣勢起來了，易趣就沒機會了，淘寶應該把易趣當作反面教材。」

在淘寶打敗eBay易趣，成為國內最受歡迎的第一大C2C網站之後。馬雲表示未來幾年裡，淘寶將一直堅持免費策略，鑑於中國C2C處於起步期的特殊國情，淘寶將繼續保持著長遠的競爭優勢。

阿里巴巴是想透過免費來了解客戶的需求，邊走邊體驗，它是達到了拖垮對手的目的，但是這免費的背後卻是龐大的資金做後盾。

首先，在淘寶成立之初，馬雲就宣佈以1億資金打造淘寶。之後5年，阿里巴巴一共為淘寶投入了13.5億元。在淘寶五週年的慶典儀式上，馬雲宣佈：「將在5年內向淘寶追加20億元人民幣的投資。」那次增資之後，便意味著馬雲在淘寶上的押寶已達到驚人的33.5億元人民幣，這一投資額把國內的競爭對手遠遠地甩在了身後。所以，馬雲說：「免費是世界上最昂貴的東西。」

【馬雲 生意經】

儘管，免費策略多次成為馬雲與人商戰獲勝的法寶，但是馬雲還是理智的，他認為：「免費是世界上最昂貴的東西。所以盡量不要免費。每一筆生意必須賺錢，免費不是一個好策略，它付出的代價會非常大。」的確，一個收費的市場才是一個正常的市場。對企業來說，必須贏利，不管什麼企業，無論如何，都要保證最低利潤的獲得，這是企業的命脈。

每一個企業，每一個領導者，都希望企業能愈做愈大，錢賺得愈多愈好。無論這個企業從事的是什麼行為，適當的收入都是必要的，而且收入是企業用服務和產品換來的，企業也正是靠著這個來獲利，來維持企業、發展企業，從而提供更好更深層次的服務。從這個角度來說，贏利實際上是一個尺度，它衡量企業為客戶創造的價值，高出使用這種資源的成本多少。如果客戶願意付錢給企業，低於企業使用這種資源的成本，企業就虧損了。反過來，同樣的資源在企業的使用下，創造的價值比任何人都大，這意味著企業贏利了。只有企業始終存在、不斷發展，

阿里巴巴所有的人都是平凡的人，平凡的人在一起，做件不平凡的事。如果你認為你是『菁英』，請你離開我們。

客戶才能有保障地享受服務和產品。

企業存在與發展的基礎，就是確保贏利，至少也要有最低利潤的獲得。企業的一切活動，都必須依靠利潤來完成，即使在最不景氣的時候，領導者也要有一個利潤的底線。對於一般企業來說，如果投資某個項目，利潤連最低底線都沒有達到，那不如放棄，節省資源，把它投資到更有價值的地方去。如果堅持下去，即使苦盡甘來，企業也已經元氣大傷，得不償失了。要知道，明智的撤退，也是偉大的成功。這個道理非常簡單，但卻有很多領導者都不明白。

他們中有很多人正深陷在虧本生意的泥沼中不能自拔。他們認為這只是短期的賠，而一兩次的賠根本沒關係，以後還能再賺回來。但問題往往是，他們的公司在還沒賺錢之前，就面臨財務危機而倒閉了。當然，阿里巴巴做淘寶的時候，B2B已經有了強大的贏利能力，養得起淘寶，這自然又是另一回事，而淘寶和支付寶贏利也是早晚的事。

產品與服務決定成敗

成功的企業一定是靠產品、服務的完整體系。

阿里巴巴的成功，就靠著阿里巴巴推出了「誠信通」和「中國供應商」，以及相關的完善服務，而淘寶的成功，也離不開支付寶的支持。

2001年，中國的網路環境浮躁風盛行，許多網路公司的心態都是希望儘快做到上市，然後圈錢，之後就消失。於是，紛紛從免費網路服務向收費服務轉型，單方面撕毀了之前承諾的免費協定，網路信用。

該年末，當時「聲名赫赫」的8848（中國最早、最大的B2C電子商務網站）轟然倒塌，更將網路信用推向崩潰。發展初期的中國電子商務就陷入了誠信危機的困境。

經此一劫，馬雲意識到：「在B2B領域，最終決定勝負的不是資金或技術，而是『誠信』。」

那時候，國內線上支付系統還不發達、郵政網路滯後、誠信環境缺位，使得安全支付成為電子商務發展的一大瓶頸。

阿里巴巴就在這樣的環境下，和信用管理公司合作，啟動了「誠信通」計畫，旨在讓講究誠信的人先富起來。

「誠信通」的主要客戶對象是在國內的中小企業。計畫主要透過第三方認證、證書及榮譽、阿里巴巴活動紀錄、資信參考人、會員評價等五個方面，來審核申請「誠信通」服務商家的誠信。

而商家在成為「誠信通」會員，提供商業資訊之前，應該登記公司註冊名稱、地址，申請人姓名、所在部門和職位，並同時需要出具相應的工商部門頒發的營業執照等。

具體來說，阿里巴巴活動紀錄是指某一網商在經營過程中的信用表現，及其與阿里巴巴共同參與誠信體系建設的時間。時間愈久，愈能證明該網商的誠信度。會員評價是指在商務活動中，合作方的會員對企業進行的評價。為了避免企業會員之間的惡意攻擊，阿里巴巴有兩大法寶：一是只有誠信通會員才能擁有評價的權利；二是評論以後相互留檔案，不可以匿名，必須公開。

另外，諸如ISO體系等行業認證也成為誠信通會員重要的參考要素，並且阿里巴巴會用優先排名、向其他客戶推薦等方式，來獎勵那些誠信紀錄良好的用戶。該計畫實施的結果顯示：「誠信通的會員成交率立刻從原來的47%提高到72%。」

在向商家提供服務的基礎上，阿里巴巴每年向「誠信通」會員收取2300元的會員費。針對商家都希望自己的商品在搜索中排在第一位的心理，阿里巴巴推出了另外一項收費服務——「搜索關鍵字競價」。

企業可以透過競價排名鎖定關鍵字，讓自己的產品在眾多的商品中排名靠前，從而獲得更多的商業機會。據調查統計，有85％的買家和92％的賣家，會優先考慮與誠信通會員合作，誠信通會員的成交率也是普通會員的7倍。阿里巴巴初戰告捷。

淘寶誕生之後，發展速度迅猛，然而支付安全問題一直制約著淘寶的進一步發展，2003年，國內依然沒有出現一個機構來扮演監管交易中流動的資金這個角色。沒有條件就創造條件，沒有困難就去創造困難，沒有現成的第三方支付工具，馬雲就決定自己造一個出來，於是支付寶應天下大運而生。

根據艾瑞諮詢的統計：「2008年線上支付市場規模為2743億元人民幣，比上年增長181％」。就支付寶來看，截至2009年7月6日的資料顯示：「支付寶用戶數達到2億」。安全問題一解決，淘寶的日成交量，自然跟著數倍增長。

【馬雲　生意經】

在市場經濟的環境下，企業的產品與服務已成為企業發展的載體。企業如果沒有一個合適的贏利產品，不管企業名氣有多大，資金多麼雄厚，多麼經得起折騰，到頭來，也只能以失敗告終。

所謂的「優質服務」如果僅僅限於滿足口語化的標準是遠遠不夠的，而是要以「客戶的滿意」為目標，樹立「以客戶為中心」的理念，減少用戶的疑慮，提供細緻周到的服務。

阿里巴巴就很捨得在完善產品與服務上下功夫。

阿里巴巴有了 B2B 與淘寶之後，又開發了即時通，這對大家來說是個方便的東西，阿里巴巴的用戶、淘寶的用戶也需要。所以阿里人做了貿易通、旺旺給會員用，他們可以直接透過這個東西做生意砍價。搜索對電子商務來說是一個重要的工具，無論是 B2B 還是 C2C，很大程度上都將更加依賴於搜索引擎技術。馬雲收購雅虎中國後，加強了這一塊的實力。

曾有國外專家說過：「不要只盯著客戶的口袋，要想著客戶的腦子，積極為客戶提供超值服務。」

服務是由人來提供的，人的素質直接關係服務品質，企業界有句名言：「再好的專家設計方案，如果沒有一流的技術工人，也不會製造出精美的產品」。

這和馬雲的「比起一流的創意和三流的執行」，寧願選擇「三流的創意和一流的執行」，異曲同工。

對於企業，特別是互聯網行業來說，隨著科技水平和服務手段的不斷改善，如果沒有人的操作不會轉化為先進生產力。員工素質不高，即使有再好的服務手段，也不會達到預期的服務質量。

在客戶面前，員工就是企業的一張直接名片，員工如何提供服務，直接影響到客戶對企業服務的看法，良好的員工素質可以彌補產品的暫時不足。這點在實際工作中很是受用，碰上不好的情況，好的態度和完善的服務是化解問題的良藥。比如在拒絕用戶時，更需要語氣委婉、態度誠懇，這既可以使自己遠離投訴，也使用戶有被重視的感覺，從而減少不滿，樹立良好的企業形象。服務的優劣不僅是個人能力高低的反映，也關係到整個企業的形象。總之，優質的產品、人性化的服務必定能贏得用戶、贏得市場，從而促進企業更好地發展。

不可能每一個人都用你的產品，都是你的客戶。你必須要定位準確。少做就是多做，不要貪多，做精、做透才是最好。

營銷這兩個字強調既要追求結果，也要注重過程

能打動用戶的，只有你自己最真實的東西。套話（指公式化的言談）誰都在說，你說得不煩，人家聽得都煩了，營銷需要的是一個人，一個聰明的人，而不是一台三、四十部的複讀機。

在為《贏在中國》做評委的時候，馬雲曾對選手說了這樣一段話：「你們不斷解釋營銷，何謂營？何謂銷？你們第一天就確定了戰略思想，『銷』遠遠大於『營』，以結果作導向。你們都知道，匯源（專營飲料事業集團）不會靠你銷售二百五十箱飲料來賺多少錢，匯源朱總是希望透過這個活動能夠產生一定的影響力。但在整個活動過程中，我看見你們忙運貨、搬貨、再運貨，而在藍隊那邊我看到是蜘蛛俠飛來飛去，他們在『營』的過程中不斷溝通，事後客戶對匯源產品的理解度遠遠超過了你們。所以我想，『營銷』這兩個字強調既要追求結果，也要注重過程，既要『銷』，更要『營』。商業一定是門藝術，你既可以這樣做，也可以那樣做，但不能走極端。營銷既要有影響力，又要有結果。」

阿里人就很擅長營銷，為了讓全世界都認識阿里巴巴，2003年，伊拉克戰爭前期，馬雲在美國著名的CNBC亞洲頻道上做了大規模的廣告，讓阿里巴巴一夜成名。

再說淘寶網，它已經成為一個被人熟知並津津樂道的知名品牌，這與它從2004年開始所從事的眾多營銷活動密不可分。例如：淘寶網曾與當紅電影，包括《韓城攻略》、《天下無賊》、《頭文字D》、《夜宴》等合作；贊助過很多活動，包括GP Motor賽事、加油好男兒、淑女大學堂等；除商業活動外，淘寶還積極從事慈善活動，發起「愛心魔豆」活動，關懷身患絕症卻又自強不息的媽媽們。而這一切不但擴大了淘寶的影響力，更為淘寶帶來了人氣。

最經典的莫過於安插在電影「天下無賊」裡的廣告了，相信很多看過電影「天下無賊」的人，都不會忘記電影中那面「淘寶網」的小旗，而《天下無賊》裡，所有明星道具也都是指定淘寶網作為唯一拍賣網站。隨後，阿里巴巴又與華誼（華誼兄弟傳媒集團，中國大陸知名綜合性娛樂集團）合作，推出「用支付寶天下無賊」廣告續集，

所不同的是「傻根」在這個《天下無賊》裡不但不傻，相反早就掌握了網路科技的最新事物——「支付寶」，他早就透過「支付寶」將其6萬元錢打回了家，而且也免掉了郵局匯款「可以買一頭驢」的手續費。正如片中台詞所說「用支付寶，天下無賊」。該《天下無賊》廣告片由電影原班人馬葛優、傻根、范偉、馮遠征出演，在原先《天下無賊》的精彩片段基礎上增拍了一些鏡頭，廣告片子充分體現了馮氏（導演馮小剛）經典賀歲片的風格，和影片同樣精彩。阿里巴巴表示：「這部廣告片由國內最多男明星擔綱，算是開了一個先河，這也是國內第一部完

美結合了電影宣傳的廣告」。廣告推出後，藉著電影的優勢，支付寶火速被大眾所熟知。

再說雅虎中國。2006年1月4日，新年剛過，馬雲便花了3000萬邀請陳凱歌、馮小剛和張紀中「三大中國名導」拍搜索廣告，而這距阿里巴巴2005年8月併購雅虎中國才4個月。為了雅虎中國。馬雲先後以8000萬元奪得央視標王、成為華語音樂榜中榜首席贊助商、舉辦「雅虎搜星」大賽，最後，還一頭栽進了品牌娛樂秀中，從而把營銷推向高潮。

【馬雲 生意經】

企業的發展是離不開營銷的。一個企業缺少了營銷，即便是再出色的技術和產品，也只是像無緣被伯樂發現的千里馬，只能被埋沒。

而在廣告的邊際效應愈來愈下降、市場競爭愈來愈激烈的情況下，營銷方式就愈來愈成為影響企業營銷突圍的有效武器之一。

2005年，蒙牛的「超女」營銷，就將營與銷的魅力發揮到了極致。顯然，以後還沒有人再能超越蒙牛。在馬雲看來，2005年蒙牛搭超級女生的火爆正是他想在三大名導和雅虎中國身上想要的一種效果。

對於雅虎中國和馬雲來說，營銷從來就不僅僅是營銷手段那麼簡單，它還暗合著馬雲改造雅虎中國的整個構思和設想。雅虎中國作為門戶曾經與新浪、搜狐、網易同台競爭，但是當時再繼續按門戶路線走下去已不是其他大門戶的對手。雅虎中國向搜索轉型正是馬雲當時的考慮。

在一切資訊正向娛樂化發展的大背景下，他希望能夠「透過一系列佈局，為雅虎搜索注入更多創新、好玩的元素」。「3000萬鉅資邀請中國三大名導拍搜索廣告」等一系列「瘋狂活動」，目的就是將公眾吸引到娛樂化的內容上來，完成雅虎中國娛樂化轉型，讓雅虎中國成為中國人第一搜索品牌。

「儘管對這三個廣告片有褒有貶，但傳播效果很好，所以馬雲是成功的，因為他的目的達到了。」清華大學經濟管理學院教授姜旭平說：「這是馬雲一貫的行事風格。早年在阿里巴巴經營還不是很好的時候，他並沒有向外界信誓旦旦地說，明年我要達到多大的目標，而是說『我明年要賺一塊錢』。而當阿里巴巴經營好轉的時候，他也沒有向公眾公佈一個多麼宏偉的目標，而是說『我每天要賺100萬』。如果以年來計算，這一目標在別人看來並不怎麼起眼，但如果說每天賺100萬，在別人看來就非常了不起。」

其實，不管是藉電影之勢推廣品牌，還是贊助活動，是力邀三大導演拍廣告，還是「我每天要賺100萬」的宣講方式，它們之所以能夠吸引人們的目光，都是因為馬雲抓住了公眾的心理，而這批公眾，可能正是他的現實客戶或潛在客戶，而這一切也正是市場營銷的本質。

六、用人原則：野狗，殺！小白兔，殺！

阿里巴巴從不承諾任何人加入阿里巴巴會升官發財，但是馬雲會承諾員工在阿里巴巴工作一定會很倒楣，很冤枉。因為即使幹得很好，上司也不一定會喜歡你，但是經歷過這些的人，出去之後，一定會滿懷信心，可以自己創業，可以在任何一家公司做好，因為他會想：「我在阿里巴巴都待過，還怕你這樣的公司？」

在阿里巴巴，每半年會評估一次，評下來，雖然你的工作很努力，也很出色，但你就是最後一個，對不起，你得離開。其中銷售人員，分四檔，上線是業績，下線是價值觀。業績特別好，但價值觀特別差的人叫野狗，殺。還有些人價值觀很好，但業績很差，那叫小白兔，也要殺。馬雲認為一個傑出的企業，必須要為社會創造價值，同時也要有良好的業績作為支撐，否則的話，都是瞎掰。

所以，在阿里巴巴，只有業績和價值觀兩手都抓好的員工，才能被留下。

平凡的人在一起，做出不平凡的事

所有的人都是平凡的人，平凡的人在一起，做件不平凡的事。如果你認為你是「菁英」，請你離開我們。

阿里巴巴一直把招攬人才作為公司最重要的工作之一，甚至還打出了「天天招聘」的口號。但是，阿里巴巴並不承諾任何人加入阿里巴巴會升官發財，馬雲是這麼解釋的：「因為升官發財、股票這些東西都是你自己努力的結果，但是我會承諾你在我們公司一定會很倒楣，很冤枉，幹得很好領導還是不喜歡你，這些東西我都能承諾，但是你經歷這些後你出去一定滿懷信心，可以自己創業，可以在任何一家公司做好，你會想，我在阿里巴巴都待過，還怕你這樣的公司？」

阿里巴巴求才若渴，但又無豐厚的條件做誘餌，那麼馬雲要的到底是什麼樣的人才呢？答案是；「普通人」。員工從進入阿里巴巴的第一天起，阿里巴巴就會告訴他們：「所有的人都是平凡的人，平凡的人在一起，做件不平凡的事。如果你認為你是『菁英』，請你離開我們。」

想當初，馬雲第一次踏足互聯網，創立中國黃頁的時候，中國的互聯網還不被大眾所熟知，那個時候招聘員工非常難，用馬雲的玩笑話說：「街上只要是會走路的人，不是太殘疾的，我們都招回來了」。而就是這樣一幫「路人」卻在當時做出了讓全國側目的成績。

阿里巴巴成立之後，在2001年遇上了互聯網的冬天，「當時整個市場形勢非常不好，大家聽到互聯網轉身就跑，更別提是投身互聯網行業了」，而當時的阿里巴巴正處於高速發展期，急需人才，於是，很多人進了阿里巴巴，也有很多人出了阿里巴巴，人才很難留得住。

馬雲記得有一位年輕人，剛剛進入公司時，馬雲跟他說：「希望最艱難的時候能堅持下來不放棄。」

這個年輕人說：「我記住了，5年之內絕對不會走。」

在接下來的5年，跟他一起來的人都陸續走掉了，在他快堅持不住的時候，馬雲就鼓勵他說：「我記得你當時講的話」，最後這個年輕人堅持了下來。後來，他無論是在做事風格上還是個人財富上，都取得了非常大的成功，而他曾經就是典型的普通人。

馬雲相信因為是普通人，才能將心態放平，知道自己資質普通，才會更加踏實奮鬥。最後，也往往是這些普通人取得了比同期聰明的人更大的成就。那麼馬雲又是怎樣將一群普通人凝聚在一起發揮出不一樣的實力的呢？這就是共同的價值觀、團隊精神。

【馬雲 生意經】

阿里巴巴上市一個月以後，馬雲把阿里巴巴公司超過五年以上的員工，聚在一起，說了這樣一段話：

「我們現在上市了，有錢了，可以說是相當有錢了，但是憑什麼我們今天有錢了呢？是因為我們比別人聰明嗎？我看未必，至少我不認為自己聰明。從小學到大學，我很少考進前五名，很多人考數學或者考什麼都比我行。

「你覺得我們比別人勤奮？我看這世界上比我們勤奮的人非常多，比我們能幹的人更多。七、八年以前，阿里巴巴沒有名氣，我們沒有品牌，沒有現金，人們也不一定相信電子商務，那個時候連招聘員工都非常難，而自認為自己很能幹很出色的人，陸續都被獵頭公司挖走了，或者跟我們志向不合的也都自己創業去了。反倒是那些沒人挖的，也不知道該去哪兒的，就待了下去。

「結果，經過了五、六年，我們這些人居然都很有錢，大家都有成就感，而當初那些聰明人卻沒有成功，這是為什麼呢？我覺得就是因為我們相信自己是平凡人，我們相信我們一起在做一些事情。事實也證明『傻堅持要比不堅持要好很多』。所以我覺得創業者給自己一個夢想，給自己一個承諾，給自己一份堅持，是極其關鍵的。」

自古就有「聰明反被聰明誤」的說法，其實正好可以解釋為什麼待在阿里巴巴這些普通人最後反倒成功了，而那些聰明的人因為聰明而過度自信，無法安心做一件事，總認為自己能承擔更大的責任做更大的事情，最終卻遭遇失敗。

那麼如何才能讓一幫普通人按照馬雲的意願做出不平凡的事情呢？

馬雲認為：「還是要讓員工們發自內心地認同，甚至愛上阿里巴巴的企業文化。員工關係部門在這個問題上擔負著重要的責任」。很多企業的文化只是表現在牆上，而阿里巴巴則一直主張：「企業文化要做到『潤物細無聲』，不要掛在牆上，而要印在員工心裡；不依靠任何大張旗鼓的宣傳，而要在細節處施予點點滴滴的影響，浸潤每一個員工的心靈」。

為此，阿里巴巴創辦內部郵件雜誌《感動阿里》，內刊《阿里人》；設立公開信箱、內網供員工們暢所欲言；讓員工有任何不解和疑惑都有傾訴的地方，都能找到正確的答案。另外，員工關係部還創辦了內部禮品專賣店——阿里 Cool，供員工和訪客們購買帶有公司 logo 的各式紀念品。藉由賦予每一件商品獨特的故事背景，使阿里巴巴的品牌內涵更加飽滿和真實。

在整個文化形成這樣的氛圍時，別的公司就很難挖人。「這其實就像在一個空氣很新鮮的土地上生存的人，你突然把他放在一個污濁空氣裡面，薪資再高，他過兩天還是跑回來。」這就是馬雲整合了這幫普通人的秘訣所在，所以他常說：「天下沒有人可以挖走我的團隊。」

高學歷不代表高能力

有時候學歷很高不一定把自己沉得下來做事情。在我看來，博士生拿到了，只不過是真正的生活考試開始，博士生比研究生就多做三年模擬題，研究生比本科生多做兩年模擬題。

創業初期，馬雲曾迷信過「菁英」論，要求「凡是要做主管以上的位置，必須在海外，如美國、英國受過3至5年的教育，或工作過5到10年」。2001年，他建立的團隊幾乎清一色是由「海龜」組成的，於是阿里巴巴內部充斥著各種不同的文化，來自於不同國家的人，如印度人、美國人、德國人，各有各的一套想法，每個人聽起來都很有道理，誰也不服誰。

就拿德國人來說，有次在德國，晚上特別冷那天，馬雲在柏林有個演講，那天風大雨大的，原定晚上五點半開車，五點二十的時候人已經到齊了，結果那個司機說還有10分鐘，他就這麼等著。事後，馬雲說：「德國人的呆板可算是領教過了。」

最要緊的是，後來，馬雲發現這些海外菁英其實並無用武之地，說好聽點，就是「把飛機的引擎裝在了拖拉機上」，而且「這些MBA基本的禮節、專業精神、敬業精神都很糟糕。他們對中國國情了解不多，在這一點上遠遠不如『本土人才』適合中國市場」。馬雲突然就覺悟了：「有時候學歷很高不一定把自己沉得下來做事情。博士生拿到了，只不過是真正的生活考試開始，博士生比研究生就多做三年模擬題，研究生比本科生多做兩年模擬題。僅此而已，而人才的適用才是最重要的。」

痛定思痛，馬雲決定把95%的「菁英」開除了。於是阿里巴巴的管理團隊從「海龜團隊」過渡到了「土鱉軍團」，建立了只剩下一個「海龜」的管理團隊。此後，馬雲開始注重培養內部人才，培養最合適的人。經此一事，馬雲得出了這樣一個結論：「這些沒有成功過卻渴望成功的人不僅學習能力很強，工作激情也很大，也容易接受別人給他的意見，而高學歷的人，自認為聰明，自有一套堅持的理論，所以，反倒不適合一起創業。」

【馬雲　生意經】

自1995年，馬雲涉足互聯網行業起，一路走來創造了互聯網的許多奇蹟，建立了一個世界上最大的電子商務網站。但是馬雲最得意的是他的團隊，是他的用人之道。馬雲把用人看得比融資找錢還重要。他經常說：「天下沒有人能搶走我的團隊，不管你是『土鱉』還是『海龜』，也不管你是『舊臣』還是『新人』，合適的就是最好的。」

馬雲用人堅持的原則就是「唯才是舉」，要符合阿里巴巴的用人原則。馬雲的「菁英」論破滅以後，還有一個海歸被留了下來，這個人就是蔡崇信。

蔡崇信原是瑞典 AB 公司的副總裁、耶魯大學經濟與法學博士，拿極高的薪資。他聽說阿里巴巴和馬雲之後立即飛赴杭州要求洽談投資。一番推心置腹之後，他竟然出人意料地說：「馬雲，我要加入阿里巴巴！」馬雲聽了，嚇一跳，回說：「不可能吧，我這裡只有 500 元人民幣的月薪啊！」其實，有人才自願加入，他自然開心，只是他也擔心這樣的人才能否適應阿里巴巴這樣的小公司？

於是他提出給彼此兩個星期的時間，大家彼此觀察一下。在那兩個星期裡，馬雲不斷提醒蔡崇信：「你要看清楚了，我們就這樣的條件。」然後兩人一起到美國出差，在那朝夕相處的一個星期裡，兩人天天對話，蔡崇信還是決定要加入。最後，蔡崇信的太太來了，她跟馬雲說：「馬雲，我知道我老公瘋了，他要加入你這個公司，但是我知道，如果我不同意他，他會恨我一輩子，我支持他到你公司裡來。」於是，蔡崇信便成了阿里巴巴第 19 位員工。他在很短的時間之內，就幫阿里巴巴帶來了第一筆投資，解了阿里巴巴在資金上的燃眉之急。他用事實向馬雲證明他的價值所在，並不是所有的高學歷者都不適合在小公司裡發揮，最主要的還是自己要調整好心態。

直到今天為止，他還是阿里巴巴的 CFO。馬雲說：「這樣的人，跟你一樣同甘共苦，點點滴滴從細節做，他不是告訴你，要做什麼，而是告訴你：『你要做什麼，我可以幫你做得更完善』，然後又是你的彌補，這樣的人，不論他的背景再好，也是能一起創業的人。」

如何評價一個人

評價一個人，一個公司是不是優秀，不要看他是不是哈佛，是不是史丹佛，不要評價裡面有多少名牌大學畢業生，而要評價這幫人幹活是不是發瘋一樣幹，看他每天下班是不是笑瞇瞇回家。

在北京第二次互聯網創業失敗之後，馬雲決定回杭州東山再起，於是詢問身邊的朋友是否願意一起回杭州？同時還給出了極其低廉的待遇。馬雲讓大家考慮三天，結果僅僅五分鐘不到，他們一起回來說：「我們一起回家」。馬雲一聽，感動得一塌糊塗，在那一刻，他內心承載的可不是滿滿的被信任的驕傲，而是肩上的重責。

剛剛回到杭州馬雲家的時候，他們每天發瘋一樣幹活。一天24小時，他們辦公室的燈都是亮著的，屋子裡面的吵架聲從早到晚沒有間斷過。

一天早上，馬雲十點鐘到辦公室一看，連一個人也沒有，平時8點多鐘大家都已經在辦公室裡面。正想著這幫人都跑哪去了？他們就騎著自行車回來了，每個人買了個「背背佳（姿勢矯正帶）」，說：「早上上班上到六點多，然後出去吃了頓早飯，等到商場開門每個人買了個背背佳，因為老是坐在桌子旁邊太累」。「他們回來的第一句話就是說『城裡真好』。可是轉眼，他們又繼續投入到工作當中去。」這讓馬雲很是感動。

就是這樣一幫既不是Harvard畢業，也不是Stanford出身，連名牌大學畢業生都不是的人，憑著他們「晚上幹到十一、二點，累到筋疲力盡地回家，洗個澡，睡覺，第二天又笑瞇瞇地來上班」的堅韌與樂觀，最後做出了一個影響世界經濟的阿里巴巴。

步入正軌以後的阿里巴巴，為了建設一個舒適的社區，馬雲提出阿里巴巴要有「藍藍的天」、「踏實的大地」、「流動的大海」、「綠色的森林」，目的就是要讓每一個員工覺得阿里巴巴是一個能給自己帶來很多創意和快樂的地方。馬雲覺得：「只有讓員工快樂並努力工作的公司才是一家好公司。」員工工作的目的不僅包括一份滿意的薪水和一個好的工作環境，也包括在企業中能快樂地成長。

在公司裡，馬雲鼓勵員工發展各種興趣愛好。在阿里巴巴杭州總部，牆壁上隨處可見大家一起出遊時的照片，員工們自行發起組織了10個興趣小組，每個組都有一句搞怪口號，活動費用由公司承擔。而馬雲自己也經常會製造一種氣氛來逗員工開心。

據說，他在公司裡就像個閒不住的大男孩，一不留神就出現在員工身後，眉飛色舞地聊聊業務，不露聲色地給些啟發。他也喜歡和員工下圍棋，可是技術很臭；他喜歡玩「殺人遊戲」，可是話太多，總是第一個出局。正因為馬雲善於在工作生活中，在辦公環境裡營造快樂的氣氛，使得阿里巴巴的數千名員工跟他一樣都成為「快樂青年」。

馬雲認為領導者要每天快樂地面對工作，員工亦要如此。「工作時間發瘋一樣地幹，下班之後笑瞇瞇地回家。」這是馬雲判斷人才的一個標準，裡面所蘊涵的執著，專注，堅韌與樂觀，其實也是馬雲自己個人的最佳寫照，亦是當初 VC 願意投資阿里巴巴，幫阿里巴巴取得成功的最重要的原因之一。

【馬雲 生意經】

馬雲用自己的標準評價一個人，殊不知道他對別人的判斷標準亦是風險投資商評估他以及他的團隊的標準。眾所周知，創業之初的馬雲不是今天的馬雲，互聯網的產業環境也不是現在的環境。當時有很多公司的模式和阿里巴巴是一樣的，有些的市場實力甚至不在馬雲的團隊之下，VC 也可以投資他們，但孫正義為什麼最終卻選中了阿里巴巴呢？

對此，軟銀中國事業部的 CEO 薛村禾是這樣回答的：「在你沒有太多東西可以做依據的時候，判斷一個公司，只能透過很多細節。集中精力只做馬雲這個團隊，是因為這是一個很好的團隊，這個團隊本身有很多因素促成我們這個決定。其中最重要的一點，是馬雲居然能夠把 18 個精力旺盛很有闖勁的小夥子或者年輕人很好地團結在一起創業，這是一種了不得的能力。」

所以，當時軟銀就覺得馬雲是一個有特殊領導才能的人。他竟然能夠說服大家相信那樣一個大目標，說明這個人一定有一個非常大的胸懷，能夠分享，不僅僅是分享財務上的回報，更重要的是，能夠分享夢想，能夠把大家的夢想都集中在一起，而且個個幹勁十足，這是相當難得的。

對於風險投資商來說，更有意思的事情是，除了這18個創始人以外，公司剛開始創業不久，就已經有外部的人進去了，其中一個就是叫蔡崇信的CFO。他是很特殊的一個人物。他曾經代表第一輪的一個VC去看這個公司。自己受過非常好的訓練，是一位律師，又做過VC，有很深厚的金融和法律底蘊，這麼一個背景深厚的人居然也願意加入這個公司，可見馬雲身上快樂的領導特質是多麼的吸引人；還有吳炯（阿里巴巴兼中國雅虎前首席技術執行長），也是馬雲說服他從雅虎退下來，加入阿里巴巴的。

從這個角度來說，這其實又一次證明了軟銀的想法，那就是「馬雲是一個很有領袖才能的人，很有感染力」。而阿里巴巴團隊因為馬雲的感染，個個活力十足，讓人看到了向上延伸的希望。這是風險投資商選中他們最重要的原因。

讓大家團結在一個共同的目標下一起努力

不要讓你的同事為你幹活，而是讓我們的同事為我們的目標幹活，共同努力，團結在一個共同的目標下面，就要比團結在你一個企業家底下容易得多。

阿里巴巴創辦之初，馬雲和員工們日夜不停地設計網頁，討論創意和構思。馬雲的想法是「阿里巴巴上的資訊應該按行業分類的方式由網上論壇 BBS 的方式發佈」。而有一部分人不同意，於是雙方拍著桌子吵。馬雲思前想後，還是覺得自己對。他認定了天下所有的商人對網路的了解都跟他差不多，如果他不懂得使用的，85％的人也不懂得怎樣使用。所以，資訊的發佈方式要以最簡單的方式呈現，方便流覽。那時候，馬雲在外地辦事，發電子郵件要求同事立即完成這一程式，設計人員還是不同意。

於是，馬雲發怒，抓起長途電話就衝著對方大喊：「你們立刻、現在、馬上去做！立刻！現在！馬上！」他恨不能立刻飛回來敲工作人員的腦袋。可是冷靜下來之後，馬雲也想通了，不能每次遇到分歧，都像這樣耗費心神地跟持相反意見的人大吵，大家必須以大局為重，以共同的目標為重，什麼樣的做事方法有利於完成目標，就用什麼方法。想來「30％的人永遠不可能相信你。不要讓你的同事為你幹活，而是讓我們的同事為我們的目標幹活，共同努力，團結在一個共同的目標下面，就要比團結在你一個企業家底下容易得多。所以首先要說服大家認同共同的理想」這樣的啟示也是由這樣的經驗累積得來的總結。

2003年，馬雲決定做淘寶，那是一個很困難的決策，馬雲事先去找了軟銀中國部的薛村禾商量，因為那雖然是一個很好的想法，但是也有人持不同的看法，阿里巴巴還沒有上市，還沒有一個結果，這個時候插手另一個領域，而且對手還是一個那麼強大的美國的互聯網巨頭，在中國佔有大部分的市場比例，反對派不理解馬雲的想法。VC們不同意，資金籌不來，這事就一定辦不成。而薛村禾聽了，表示支持。於是，兩人商量了就一起去了日本找孫正義溝通，結果孫正義也非常支持這個做法，認為馬雲的戰略非常有道理：「阿里巴巴跟淘寶是有互補性的一個企業，同時這是一個機會」，最重要的是如果當時馬雲不入主C2C市場，日後eBay易趣必定透過C2C入主B2B，到時候的阿里巴巴就變得被動了。

阿里巴巴當時的優勢是它是一個本土化的團隊，跟境外的企業比起來，阿里巴巴更深刻地理解中國，對市場的領悟比起境外的企業要來得地道，什麼該做，什麼不該做，了然於心。於是，在一部分人反對的情況下，馬雲建立了淘寶。阿里巴巴的第二輪8200萬美元的融資，其中的5000萬美元都給了淘寶。

在創立阿里巴巴的最初幾年，馬雲不論向投資者提什麼策略，都有一部分投資者表示反對，而馬雲最了解投資者最想要的是什麼，他用年年都上揚的財務報表向他們證明自己是正確的，吵到最後，那些一度反對他的人說：「你要做什麼就去吧！」

【馬雲　生意經】

在人的一生中，不可能所有人都喜歡你，也不可能所有人都討厭你，創業也是如此，不可能所有人都支持你，而創業者最重要的是如何在一些反對聲中，堅持自己並取得最後的勝利。反觀馬雲這十幾年的創業歷程，何嘗不是在一片反對聲中走過來的，從他創辦中國黃頁起。在創業動員大會上，馬雲請了24位朋友到家裡開會，最後23個反對，1個人同意，這個人說：「馬雲，你真要做你就試試看，不行的話，趕緊逃回來還來得及。」馬雲知道自己不可能讓所有人都贊同。

有人問孔子：「聽說某人住在某地，他的鄰里相親全都很喜歡他，你覺得這個人怎麼樣？」孔子答道：「這樣固然很難得，但是在我看來，如果能讓所有有德操的人都喜歡他，讓所有道德低下的人都討厭他，那才是真正的君子呢。」美國前任國務卿鮑威爾這樣總結自己的為人處世之道，與兩千年前的孔子有異曲同工之妙：「你不可能同時得到所有人的喜歡。」這是極為明智的。同理，如果創業者希望自己做的每一個決定都得到所有員工的認同，最後可能還適得其反，你付出了很多時間去向別人解釋，而不認同的人仍舊不認同，白費力氣。

其實反過來一想，既然讓所有人相信並認同是件不可能的事，那麼無論你做什麼決定，總是有人欣賞你，想讓所有人都反對也不是那麼容易的。你做任何事情，來自外界的評價都是兩方面的，所以不要只看到杯子有一半是空的，還應該看到它還有一半是滿的。最重要的是，要讓所有人都朝著一個共同的目標去奮鬥，大家求同存異，觀點不認同不要緊，最重要的是讓大家為共同的目標努力，團結在一個共同的目標下面，一定要比團結在一個企業家底下容易得多。所以創業者首先要做的是說服大家認同共同的理想，而不是讓大家來為你一個人做事。

用人最大的挑戰與突破在於信任人

最大的挑戰和突破在於用人，而用人最大的突破在於信任人。

信任是馬雲在用人上取得成功的原因之一。

2000年，互聯網泡沫破滅，就在這時，馬雲在香港遇見關明生。關明生原在美國通用電氣公司工作過15年，生於香港，先後就讀於英國劍橋工業學院和倫敦商學院。馬雲具體是如何說服他加入阿里巴巴的，無人知曉。2001年1月11日，關明生即被任命為「阿里巴巴首席營運長」。

傳聞，關明生是個經常在辦公室打盹兒的人，看似混飯吃的，但做起事來，卻是雷厲風行。就拿裁員來說，2001年，關明生初入阿里杭州總部時，在公司裡遇見了一個老外。他查閱了對方的檔案及薪資，隨即將其叫進自己辦公室，告訴他：「You are fired！」這一切僅在半天之內完成。「那個外國員工的薪水足可以養10個中國員工。」關明生如此解釋。

在關明生未到阿里巴巴之前，阿里巴巴每個月的開銷是200萬美元，融資來的2500萬美元其實已經所剩不多。馬雲也面臨著來自投資商的壓力。經過深思，關決定收縮業務，「back to China」。要知道，馬雲當時一心要做讓全世界都知道的公司，做「back to China」的戰略調整，是形勢的無奈，等於間接承認馬雲的戰略失策，更需要馬雲對關明生的絕對信任。

調整了發展戰略之後，阿里巴巴開始集中精力開源節流，把目標集中在服務中小企業上，並對中層幹部進行銷售培訓。

2001年最後一個月，阿里巴巴居然有了現金盈餘，並從此步入良性發展。

2002年全年實現收支平衡。2003年全年贏利1億多元。

「關明生帶領阿里巴巴實現了業務從起步到一定規模性增長，但其更突出的貢獻在於，幫助阿里巴巴這家初創企業引入了大型企業架構，梳理了阿里巴巴理念。」

當初，決定要創辦淘寶，阿里巴巴的很多股東表示反對，認為阿里巴巴自己還沒站穩，怎麼又開始另一業務？而馬雲毅然決定打造淘寶，而他把這個重任交給了孫彤宇。1996年，孫彤宇在一家廣告公司工作時，為了拉廣告去找馬雲，兩人一見如故，這以後他緊緊跟隨當時還名不見經傳的馬雲，無論是北上創業還是回到湖畔花園創建阿里巴巴，他都跟著，多年來的效忠情比金堅。

頂著風險投資商的壓力，在那麼多不信任的目光中，馬雲要把打造淘寶這樣一個重大的任務交給未挑過大樑的孫彤宇，是一個很冒險的決定。要創辦一個和世界頂級公司eBay競爭的公司，不成功便成仁，甚至會影響阿里巴巴，將這樣的重任交給一個「土著軍團」成員，對馬雲來說是一件壓力很大的事情。受命之前，馬雲曾試探性地問孫彤宇：「如果讓你來全權負責淘寶，什麼時候能夠打敗易趣？」孫彤宇當場立下了軍令狀：「三年！」馬雲為他的敢於擔當折服，他突然意識到，這個人能用。

事實證明，馬雲沒有看錯人，淘寶只用了半年就做到了全球排名前100名，9個月做到了前50名，一年進入了前20名，到了2005年，淘寶的市場佔有率達到80%，徹底打敗了eBay易趣。從當初秘密建立淘寶開始，到最終打敗eBay這個「巨無霸」，孫彤宇只用了兩年！淘寶的成功，孫彤宇厥功至偉。馬雲也用他對別人的信任下對了賭注，自此，他放手重用孫彤宇，將他提為阿里巴巴的副總裁，成為「十八羅漢」中第一個獨當一面的人。當然，13年後，孫彤宇突然出局，打破阿里巴巴創業18羅漢不離不棄的銅牆鐵壁的神話，這又是另外一回事。

【馬雲　生意經】

「用人不疑，疑人不用」，這是中國傳統的信任方式，用在企業管理上那就是要放手讓下屬去大膽嘗試，不要什麼都管。馬雲深諳此道，無獨有偶，美國通用電氣前CEO威爾許的經營最高原則是：「管理得少」就是「管理得好」。這是管理的辯證法，也是管理的一種最理想境界，更是一種依託企業謀略、企業文化而建立的經營管理平台。

然而，眼下我們許多企業的管理離這種境界還有很大的距離。記得馬雲說過這樣一件事：曾經有一家公司跟馬雲的阿里巴巴競爭得很厲害。有一天中午，馬雲去那家公司的總經理辦公室串門，只見那位總經理把整個公司的燈都關掉了，於是馬雲就問：「這是幹什麼？」那位總經理說：「省電。」但是他跟員工是這麼講的：「中午休息。」但實際上是為了省電。馬雲聽了，當下就覺得：「這家公司完了，省電就是省電，有什麼可隱藏的，員工不是傻瓜，你在欺騙你的員工，員工與你之間最大的關係是你要信任他們，可是那位總經理並沒有。」而馬雲就從不向他的阿里巴巴員工們隱瞞任何東西，他與員工們分享所有的災難與快樂，除非有的時候，馬雲告訴他們，不能講的，才不講，如果講了，都必定是真話。而現今並不是所有的創業者都如馬雲那般，能夠與員工坦誠相待。

據一份權威調查分析顯示：「在中國企業每一層次上，80％的時間用在管理上，僅有20％的時間用在工作上。」而西方一些企業在管理工作中，「管」與「理」的比例是2：8。相當一部分企業有個現象——管理者「發號施令」，員工照章辦事。在這些企業裡，員工的最高目標就是做好分內的事，工作的主動性、積極性被晾在一邊。受從眾思維的束縛，員工都很聽話，少有人會越雷池一步。

上級對員工缺乏信任感，直接就傷害了員工的自尊心和歸屬感；間接的後果是加大了企業的離心力。如果我們的管理者能夠換位思考，與員工彼此信任，在企業內部建立起一個上下信任的平台，無疑會增加內部員工的凝聚力、責任感與使命感，還能有效激發員工內在的潛能。

因此，要想真正建立起一個有效的管理模式，不斷提升管理水平，首先要對員工充分信任，堅決做到「用人不疑，疑人不用」，鼓勵員工獨立完成工作；其次是透過合理授權，建立一個員工能充分發揮能力的平台。這一點很重要，因為員工有了自己的發展平台，就會緩解管理者的工作壓力。

現在，西方一些企業朝「無為而治」的管理模式發展。他們認為：「只要人人都學會了自我管理，那些條條框框的管理制度就失去了存在的意義」。當然，這種理想模式的前提是，員工發自內心認同企業文化。但是，企業文化的形成並非朝夕之事。員工只有經歷長期的企業文化薰陶，才可能形成共同的價值觀，進而形成堅實的信任平台，管理才能達到「無為而治」的境界。

上當不是別人太狡猾，而是自己太貪婪，就是因為自己貪才會上當。

不聘用一個經常在競爭者之間跳躍的人

我自己不願意聘用一個經常在競爭者之間跳躍的人。

馬雲有一次做評委的時候對其中一名選手說：「現在很多企業，很多人願意跳到競爭對手那兒，我自己不願意聘用一個經常在競爭者之間跳躍的人，或者從競爭對手那兒跑我這裡來的人，他也很難，我問他怎麼做，他怎麼回答我，回答了我對不起原來的同事，不回答我他對不起我，這是一個職業道德問題」。

現在，很多人離職後，天天罵原單位，有些人甚至還出書來抱怨前老闆，馬雲認為「這是最不職業的人」。當我們離開一個單位之後，最職業的方式是沒有評論，過往的一切不論誰對誰錯，我們向前看。這是一個正確的對待別人以及人生的態度。所以，馬雲建議：「日後如果你在一個單位幹得不舒服，離開的時候別抱怨，抱怨更顯得你對人的不尊重。你可以說我一年內學到了很多，有痛苦有快樂，但是我更看重未來的發展。」

大家都知道在業內出來，老抱怨前公司的人，是不會被大家接受的，這是職業道德修養問題。關於這個，馬雲在另一次演講中曾舉了這樣一個例子：「美國的GE和西門子，兩家公司做生意打架打得很厲害，發展到最後，GE公司的員工出來說：『我再爛，也不去西門子，不是西門子爛，而是西門子是我的競爭對手』。西門子的員工出來說：『我再爛，也不去GE，我這麼優秀，到哪個公司不行，為什麼要去競爭對手的公司』。其實這些人都是些聰明人，如果GE的人跳槽到西門子，西門子的人說：『你們以前GE到底是怎麼幹的？』你說還是不說。你說了對不起以前在GE裡跟你同甘共苦的好哥兒們，你不說，對不起今天這幫人，因此，你裡外不是人。有人說：『我改行，行不行？我從我原來的地方學到了學習的能力，學到的價值觀和使命感這一整套的東西，我不斷地學習，我還是可以在另一個單位裡面成為一個出色的領導者』。而這其實是最好的選擇。」

而馬雲也最怕那些經常在競爭者之間跳躍的人，這就說明這個人定力不夠，忠誠度值得懷疑，在一個地方做不好，在另一個地方也一定做不好，因為最重要的問題在自己身上，即便到了天涯海角，問題也還是跟著你。

【馬雲　生意經】

馬雲認為：「跳槽多的人就像結婚了又離婚，離婚了又結婚，結婚了又離婚了的人，這樣的人並不可靠」。他自己就不喜歡時常跳槽的人，如果一個年輕人給他的簡歷上五年換了七份工作，這樣的員工他不會要，也不太相信，跳槽多對於個人並不是好事！因為一個企業重視的絕對是一個人在一個固定的企業待過多少年，學過多少年，交了多少學費。

2005年8月，「阿雅聯姻」，阿里巴巴正式收購了雅虎中國的全部資產。馬雲還沒來得及高興，就聽說幾乎所有的雅虎中國的員工都接到了「獵頭」的電話。馬雲感到了事態的嚴重，靠著阿里巴巴的價值觀穩定了自己的隊伍。他對於「挖牆腳」這種事深惡痛絕，自己亦不會「挖人」牆角，因為那不符合阿里巴巴的價值觀，「我們不希望挖過來的人變成『不忠、不義、不孝』的人。」馬雲如是說。

而對於企業來說，如何提升員工的忠誠度亦是他們要解決的首要問題。有的企業會對新員工開設「忠誠員工」課程，要求員工上班時喊效忠的口號，其實這種說教式、命令式的口號如同「掩耳盜鈴」，只是滿足了公司高層的虛榮心，對於真正提升員工的忠誠度起不了什麼實際作用，一不小心還會引起員工的反感情緒。話說「隨風潛入夜，潤物細無聲」。提升忠誠度，與更合理化、人性化的管理與分配、嘉獎制度的提出是密切相關的。每個公司只有正視這個問題，才能更好地激勵員工，才不會在市場競爭中處於劣勢。

曾在阿里巴巴的論壇上，看到一篇討論員工忠誠度問題的帖子，帖子的觀點認為要讓員工長時間地待在企業裡工作，並做好自己該做的事情，不出賣企業資訊，企業可以透過以下幾種方式，來留住員工的忠誠之心。

首先是讓員工選擇自己喜歡做的事。一位管理學家說：「如果你要讓別人幹得好，就得給他一份恰當的工作。」衡量一份工作對一個人是否恰當，關鍵是看他是否有興趣、有熱情。

其次，給員工發展的機會，員工更願意為那些能給他們指導的公司服務。留住人才的上策是盡力在公司裡扶植他們。在資訊市場中，學習絕非空耗光陰，而是一種切實需求。大多數員工都明白，要在這個經濟社會裡生存下去，就非銳化其技能不可。

然後，是建立自我管理團隊，如果說在管理中授權是一個最響亮的口號，那也有其原因。畢竟員工最喜歡這種授權賦能的公司。當然，較多的授權並不意味著想幹什麼就幹什麼。還有，讓員工共用企業所有權，知識工作者獲得薪資僅是獲得報酬的一部分，作為財富創造者還要以績效薪資、員工持股等形式與出資者、經營者共同分享企業的成功，承受企業的失敗。如果能讓員工當家作主，那麼，他就會與公司和公司的未來共進退了。

最後是要創建心理契約型管理。所謂的心理契約指的是「一套由員工個人持有的關於員工和組織之間互相認同的信念」。例如，員工可能會認為他已經被組織許諾將有競爭優勢的薪資、提升機會、職業培訓和豐富化工作等，在員工心中作為平等交換的將是為組織發展貢獻自己的精力、時間、技術和真誠。這是一種隱含的個性化的、非正式的和知覺式的契約。在管理實踐中，要留住員工的心，就要追蹤員工心理變化軌跡，公開交流和溝通，修正和加強心理契約，使員工有信心在為企業工作貢獻的同時達到自己的預期目標，最終讓職業忠誠和企業忠誠達到完美結合。

在兩個人和兩百人之間

我們公司是每半年一次評估，評下來，雖然你的工作很努力，也很出色，但你就是最後一個，非常對不起，你就得離開。在兩個人和兩百人之間，我只能選擇對兩個人殘酷。

在阿里巴巴，考核員工有兩個標準，一個是業績，一個是價值觀。

如果一個人業績很好，但沒有價值觀，阿里巴巴管他叫做「野狗」，這種人是一定要被踢出去的。馬雲說：「其實殺這種人是很痛的，但還是得下手，因為從長期來看，他會對團隊造成很大的傷害，得不償失。」

還有一種人，業績雖然不好，但他的價值觀非常好，阿里巴巴叫他「小白兔」，也要殺掉的。而業績好，價值觀也好的員工，才是阿里巴巴要的明星。

阿里巴巴要求所有的員工都要向明星員工看齊，考核的時候以此為標準。馬雲說：「這個是沒辦法的，你要成為一個優秀的人，一個傑出的企業人，你必須往這努力，一個傑出的企業，必須要為社會創造價值，同時也要有良好的業績作為支撐，你要講理想，同時也要有很好的收入，否則的話，都是瞎掰，所以少一個都不行，不能極左不能極右，必須共同前進，這不是老闆理論，這是所有人做事成功都要這麼做，而且中國最早的道家理論，陰陽、太極就是在這裡面出來的。」

阿里巴巴在不斷的發展壯大中招聘了不少員工，因而有人擔心「員工的快速擴張是否會引發企業選拔人才的這一標準的稀釋？」所以，阿里巴巴在招聘人才的時候就對這個問題進行了很好的預防。在面試應聘者的時候，考官最核心的任務就是「看人」。

阿里巴巴人力資源總監鄧康明說：「招聘新員工時，我們主要看他們本身是否誠信，是否能融入企業，是否能接受企業的使命感和價值觀。業務問題並不是最重要的。如果有的員工工作業績非常出色，但不符合阿里巴巴的價值觀，依然無法通過考核。」

阿里巴巴 B2B 公司 CEO 衛哲說：「價值觀再好，這麼多新員工的加入，也會面臨企業文化被稀釋的問題，我們希望透過招聘和培訓，使企業文化被稀釋得少一點，然後再慢慢回復過來。」

阿里巴巴試圖把企業文化貫徹到各個階段，使企業文化融入每個員工的生活和工作中。透過招聘，阿里巴巴篩選出了具有相同價值觀的人，這還只是一個開頭，為了貫徹企業文化，對新入職的員工，阿里巴巴會提供一系列企業文化方面的培訓，主要包括對普通員工的百年阿里、百年淘寶培訓，以及針對銷售人員的百年誠信、百年大計培訓。阿里巴巴還特意為新員工設置3個月的師傅帶徒弟和HR（Human Resources，員工關懷）關懷期，而新員工在入職6～12個月的時候還可以選擇「回爐」接受再培訓。

【馬雲 生意經】

馬雲鼓勵人才流動，而且是強制性流動。在阿里巴巴一直實行一個叫「271」的管理戰略，主要是針對員工的，關於這個戰略，馬雲是這樣解釋的：「20％是優秀員工，70％是不錯的員工，10％的員工是必須淘汰掉的。不能勝任工作的人——野狗和小白兔，對公司來說也是一種浪費。」

馬雲說：「阿里巴巴公司每半年評估一次，評下來，如果你就是最後一名，雖然你的工作很努力，也很出色，但非常對不起，你得離開。在兩個人和兩百人之間，阿里巴巴只能選擇對兩個人殘酷。」

雖然領導者有時得做劊子手，但是「不殺」怎麼能讓一個企業活得好呢？正因為阿里巴巴實行了優勝劣汰的任用原則，才有效地激發了員工的積極性，使整個企業處於一種積極上進的狀態，克服了人浮於事的弊端，進而提高了工作效率和部門效益。同時，末位淘汰制又精簡了機構。

當企業發展到某一階段，必然會出現因為人員過剩而出現人浮於事的情況，在這種時候，精簡機構、有效分流是解決這個問題最直接也是最有效的辦法。透過「末位淘汰制」，對不同績效級別的員工實施獎勵式淘汰，這樣既兼顧了公平，又實現了機構的縮減。

而對於員工來說，活著的人都要承受競爭，無以逃避。優勝劣汰的社會，商人每天要面臨的是戰場，商品每天被優勝劣汰，人又何嘗不是呢？每個人都活在無形的戰場上，有感的競爭中。身為在職者要有一顆不被打敗的決心才能在人生的舞台上演繹得更精彩。只有自己不斷的打造一個好自己出來，才能立於不敗之地。所以，專業人士要不斷給自己充電，每一天都不能懈怠，每一天都要努力的改變並完善自己，才能夠充滿信心地面對逆境與人生的挑戰。

馬雲正是將「物競天擇，適者生存」的生物鏈法則運用於管理之中，再加上自己的價值判斷標準，才殺掉了「野狗和小白兔」。但是在阿里巴巴還有一個人性化的制度，就是員工被開除後三個月內還可以再反聘回來。

優勝劣汰，適者生存。企業只有不斷地優勝劣汰才有可能不斷發展壯大；而員工只有拿出良好的敬業精神，大膽地創新、不斷的進取，才能成為適者生存下來。

要既聽話又能幹的人

人家問我你喜歡能幹的員工還是聽話的員工，我說Yes，就是既要聽話又要能幹，因為我不相信能幹和聽話是矛盾的，能幹的人一定不聽話，聽話的人一定不能幹，這種人要來幹什麼，不聽話本身就不能幹，對不對？

很多企業家在剛開始創業的時候，就把為眾人服務作為奮鬥的目標。如馬雲，他剛開始創業的使命就是「讓天下沒有難做的生意」。當然，光有一種使命還不行，必須產生財富，這樣，才能表明你創造的價值得到了人們的認可，是真正有用的價值。

馬雲認為創造價值和賺錢是一個「Yes理論」。「如果要說創造價值和賺錢哪個重要，我們說Yes，都重要，但是一定要問哪個更重要，則創造價值更為重要。如果創造了價值沒人願意付你錢，說明你這個價值根本不是價值，而是垃圾，所以說你中有我我中有你才是最正確的，人家問我你喜歡能幹的員工還是聽話的員工，我說Yes，就是他既要聽話又要能幹，因為我不相信能幹和聽話是矛盾的，能幹的人一定不聽話，聽話的人一定不能幹，這種人要來幹什麼，不聽話本身就不能幹，對不對？」

在阿里巴巴，能幹，代表的是這個人能創造價值，而聽話，表示他能夠深入理解公司文化並且願意與公司一同長期發展，這樣既聽話又能幹的人才會得到公司的大力培養和重用。

在阿里巴巴內部，一名普通的銷售人員可以坐到了副總裁的位置；一個普通的前台接待員，經過歷練可以成為客服總監；賓館中的大堂經理，可以成為「支付寶」的副總經理……這樣的例子不勝枚舉。

阿里巴巴人力資源部高級主管彭蕾曾經這樣說明過阿里巴巴的用人原則：「阿里巴巴沒有任何責任和義務把某一個人培養成總監、副總裁，我們要做的就是不斷把土壤弄得鬆軟、肥沃。只要你是一顆好種子，早晚都會生根、發芽、結果……」

在阿里巴巴，員工只要被人力資源部門發現並被確定為「重點培養對象」，阿里巴巴會給「重點培養對象」提供各種培訓機會，給他們在不同業務部門輪值的機會，使他們能夠在比較短的時間接觸不同的業務，鍛鍊各方面的能力。

馬雲說過這樣一段話：「關於挖掘內部人才的問題我是這麼看，永遠要想辦法找到在公司內部能夠超過你的人。在公司內部找到能夠超過你自己的人，這就是你發現人才的辦法。如果你找不到，問題一定在你身上，你的眼光有問題，你的胸懷有問題，可能你的實力也有問題。在內部找到超過自己的人，你要相信這個人，三年五年以後一定超過自己。找出這樣的人來，今天也許有這樣那樣的問題，但是一定有這樣的潛力。第二個從結果上判斷他，從過程上判斷他，從他身邊的人判斷他，但是還有很重要的，是讓他給你推薦他認為最優秀的人是誰，從這兒判斷他是不是優秀的人才。」

【馬雲 生意經】

在整個創業過程中，不難發現馬雲都是以「Yes 理論」為準則，就是說創造價值和賺錢都重要；選擇員工也是依照「Yes 理論」，既要聽話又要能幹。而通常，事實並沒有那麼完美。

若你仔細觀察就會發現，企業的員工一般由兩類組成，一類是非常聽話的，一類是能力非常強的。非常聽話的員工，往往是存在著很多問題的員工，比如經驗不足，學歷不高，缺乏開拓性，思維不是很敏捷。而能力非常強的員工，往往是恃才自傲，他們的個性較強，幹勁十足。對企業而言，其實這兩類人都是企業的人才，一類是穩定，一類是優質。

聽話的員工一般都比較遵守規矩，雖未有突出成績，但絕對是公司忠實的員工，不用擔心其流向問題，這是穩。而能幹的員工經常有非常突出的成績，這是優。有能力的，往往有主見，所以並不特別聽話，也往往最不穩定。聽話的，往往沒主見，所以並不特別有能力。而馬雲，卻能讓員工既優秀又聽話，做到大部分企業家都做不到的境界，他又是怎麼做的呢？

首先，馬雲認為：「有矛盾是好事，如果沒有矛盾就不需要管理了，同樣也就不需要領導者了。」

對於人才的判斷，能幹是基礎。任何人做工作的前提條件都是能幹，也就是說他的能力能夠勝任這項工作。假如一個設計專業的人才讓他去幫有關生物技術的實驗工作的話，那他肯定不能按時按質完成任務。因此，個人具有的能力，決定了他能擔任的工作性質。而聽話是態度。我們都知道，「態度決定一切」。員工是否能得到進一步的發展完全取決於他對待工作的態度。他能做到不計一切完全付出嗎？他能把公司的事業當自己的事業那樣用心嗎？

相對的，對於企業管理者來說，一定要懂得賞識自己的員工。能夠及時發現員工身上的閃光點，然後給予積極的肯定，這才能讓他們有足夠的工作動力，並在工作中充分發揮自己的優勢。賞識員工，可以讓員工感受到企業對他的肯定，並在內心渴望下一次的肯定。這是收服能幹員工的一個好方法。而且馬雲最擅長的就是腦袋管理，他曾在不同場合反覆告訴他的員工：「大家要擁有共同的目標和價值觀，大家要為了這個目標而奮鬥。」這才是他管理人才致勝的法寶。」

七、內部管理：阿里巴巴的六脈神劍

在阿里巴巴內部，有一套著名的「六脈神劍」被寫進了企業的「法規」裡，這就是價值觀，其核心內容包括：「誠信」、「激情」、「敬業」、「團隊合作」、「擁抱變化」、「客戶第一」。它們被具化為一個金字塔形，「誠信」、「激情」和「敬業」是員工首先要具備的素質，而「團隊合作」、「擁抱變化」則是其次的考量，最後的目的就是要達到「客戶第一」。公司在招收員工，審核業績，評定企業未來發展的時候，均以此作為衡量。「外界看我們，是阿里巴巴網站，是淘寶，但只有我們自己知道。我們的核心競爭力是我們的價值觀。企業文化和價值觀正是阿里巴巴保持快速穩健發展的關鍵因素。」

培養俠客精神

俠客首先是個普通人，行俠仗義才最重要。其中，「義」是其價值觀。做企業其實也是在走江湖，就像令狐沖他們要成為英雄其實也是要經歷種種苦難的。吃得苦中苦，方為人上人。

眾所周知，馬雲熱愛的事情有兩件：一件是英語，另一件是武俠小說，尤其喜歡金庸的武俠。

他自幼習武，練過8年的太極和多年的散打。馬雲說：「自己從初中時候就開始看武俠小說，常常模仿武俠小說中的故事在家練習，家裡的牆壁還曾被打出一個洞」，而馬雲的腿也曾因為練功而受傷。他的3次大學聯考之所以會失敗，就是因為自己在該念書的時候卻瘋狂地看金庸、梁羽生的小說和電影《少林寺》。

其實，武俠是很多男人的心頭之愛，他們喜歡書裡呈現出來的那種浪漫主義精神，馬雲也不例外。雖然，武俠小說影響了他考大學，但是並沒有影響他在現實世界裡做人。事實上，他在經營企業的過程中，武俠和現實，早已渾然一體。甚至有人開玩笑說：「西子湖畔的阿里巴巴帝國，就是一個徹底的武俠世界」。

阿里巴巴裡的辦公室，全都是用武俠小說裡的武林聖地來命名：比如總部辦公室叫「光明頂」，核心技術研究專案組名叫「達摩院」；還有「桃花島」、「羅漢堂」、「聚賢莊」、「半山亭」、「俠客島」等等，甚至連洗手間都有個好聽的名字，叫「聽雨軒」。那個叫做「光明頂」的會議室裡，就掛著金庸先生書寫的「臨淵羨魚，不如退而結網」。

如果你在阿里巴巴的辦公室裡聽到有人叫「阿珂！」「青桐！」「破虜！」「任盈盈」、「段譽」、「語嫣」、「喬峰」、「胡斐」、「小龍女」等，千萬不要大驚小怪，因為阿里巴巴和淘寶網的員工幾乎都有一個來自金庸武俠小說的「花名」。比如淘寶網總裁陸兆禧叫「鐵木真」，支付寶總裁邵曉鋒叫「郭靖」。在淘寶網，往往大家只知對方的花名，而忽略其真名。「與我們有文化共鳴的客戶也非常容易記住淘寶網服務人員的花名，減少溝通成本，增加溝通樂趣。」淘寶網的一位「丐幫九袋弟子」如是說。

在阿里巴巴，員工討論江湖大事，不是聚首「光明頂」，就是笑傲「俠客島」。阿里巴巴的價值觀六大真言，也被統稱為「六脈神劍」。可以說，武俠文化中的正義感和團隊精神滲透到了公司員工的一言一行。而這一切只因為他們有一個酷愛武俠的掌門人馬雲。

在阿里巴巴裡，馬雲也不叫馬雲，他叫「風清揚」。現實中的這個「風清揚」跟小說裡的風清揚一樣，喜歡無招勝有招，不循常規出劍，常常招招劍走偏鋒，在他身上有濃郁的理想主義情結，卻也是現實生活肯打肯拼的富有智慧的狠角色。

馬雲說：「我最喜歡《笑傲江湖》，都不記得自己到底看過多少遍了，即便是現在，有空的時候，還是會拿出來翻翻看看。其實我就在江湖裡。」是的，IT 業界即是現實的江湖。想當年淘寶網與 eBay 易趣在中國市場上你來我往，不就是現實版的兩大高手過招嗎？

馬雲陳列著不少刀劍，其中就有導演張紀中贈送的兩把龍泉劍。這些刀劍，馬雲都會隨身攜帶，去哪辦公就搬到哪。當他累的時候，就會練練武，耍耍他的劍，或者提著劍在公司裡來回溜達，之後便神清氣爽。

【馬雲 生意經】

馬雲小時候時常打架，而大多數都是為朋友出頭，頗有俠義之風，這種與生俱來的「俠道」精神，讓後來的馬雲在互聯網界和商界混得如魚得水。《笑傲江湖》是馬雲看得最多的金庸小說。在 IT 業界浪跡多年，他發現「網路即江湖」，那麼他又是如何笑傲其間呢？他認為：「笑，表示有眼光，有胸懷，方能坦然面對種種傳言和誤解，依然豪氣干雲，仰天長笑；傲，說明有實力，有魄力，才可在人云亦云的時候保持清醒的頭腦，才可在一片罵聲中依然堅持自己的方向，傲視同儕。」可以說，武俠給馬雲的做人原則及行為方式刻下了非常深的烙印。

2000 年，金庸到杭州講課。見多識廣的馬雲卻一下子變成了金庸的小粉絲，見到金庸，他興奮異常，頻頻與金庸先生談論小說裡的武功招數、圍棋流派等等。事後，馬雲才覺得自己太不好意思了，在大俠面前這麼亂說一通，搞得好像人家金庸的小說都是他馬雲寫的似的。但金庸卻覺得：「馬雲是個再可愛不過的人，長得也像武俠片裡的人」。徐克也說：「馬雲能當武俠演員」。而馬雲自己也曾為了演《笑傲江湖》裡的角色風清揚而四處奔波，雖然最後沒有演成，但也足見他對武俠的痴迷。

馬雲的「俠道」促成了他和軟銀老闆孫正義的握手。所謂「英雄所見略同」，事後孫正義曾說他們是「命中注定的一輩子的好朋友」。馬雲也曾這樣說：「從孫正義的眼神中，我知道我們一定要握手。」同時，對武俠情有獨鍾的馬雲也不忘用金庸筆下的人物誇讚孫正義：「他神色木訥，說很古怪的英語，但是幾乎沒有一句多餘的話，像金庸筆下的喬峰，有點大智若愚。」

在阿里巴巴內部營造如此濃厚的武俠氛圍，除了滿足馬雲個人的愛好之外，還有什麼好處呢？「這樣做，目的是讓員工有一個放鬆的工作環境。快樂工作、認真生活，是我們一直提倡的理念。」阿里巴巴人力資源總監吳航如是說。

追求純淨的工作氛圍，杜絕辦公室政治

我見過很多公司，包括跨國公司在內，愈大的企業愈是這樣，大家爾虞我詐，人人上班，背後都帶著一把刀，不是我捅他一刀，就是他要捅我一刀。你會發現這種環境是誰都會討厭的。

公司慶功儀式通常是怎樣的？要嘛是總經理召集員工開大會激昂講演、群發郵件鼓勵下屬，要嘛全體員工聚餐放情縱飲……然而，馬雲旗下的支付寶公司卻交出了一個讓人吃驚的答案——裸奔！

馬雲說：「我見過很多公司，包括跨國公司在內，愈大的企業愈是這樣，大家爾虞我詐，人人上班，背後都帶著一把刀，不是我捅他一刀，就是他要捅我一刀。你會發現這種環境是誰都會討厭的。如果不幸進入這樣的公司，哪怕薪資很高，也不會舒服。而在阿里巴巴，阿里人覺得自己喜歡什麼樣的工作環境，就建立什麼樣的文化來提醒自己做人的道理以及做事的原

則。」於是，阿里巴巴就建立起了「純淨透明的工作氛圍，堅決杜絕辦公室政治」，而起源於支付寶的「裸奔文化」則是這種企業文化最獨特的產物。

「裸奔」是對員工的獎勵，開始於2005年，當時為了慶祝當日日交易量突破700萬元，公司想以一種震撼的方式把這個消息告訴每個員工，覺得開會或發電子郵件缺少創意，經過一番討論之後，決定「裸奔」。「對於這個儀式，還有具體的說法。裸，象徵了坦誠、開放的公司文化；奔，寓意著狂歡慶祝。」

從2005年起算，支付寶公司舉辦裸奔慶功儀式已經5次了，最新一次的裸奔儀式是在2009年，為了慶祝用戶數突破兩億而舉辦，「裸奔」地點則選在了該年半年會的會場——一個全員參加的大會上。支付寶財務總監張曄是被選中參加那次裸奔儀式的四人之一，他忍俊不禁說：「裸奔早已成為員工們接受的儀式，而且，能夠在全體員工面前裸奔是公司對於員工個人工作的認可，只有對公司有巨大貢獻的員工才有資格參加裸奔儀式，女員工可以找男同事代『裸』。參加儀式的員工最多可以穿一條內褲。」

據在現場的人事後描述：「慶功午餐後，輪到『裸奔』者上場了，只見他們穿著褲衩、臉上化著誇張怪異的彩妝、身上還貼有一些怪異的彩條。隨著背景音樂的響起，四名『裸奔』者從後台一路小跑上舞台，台下立即一片歡呼，閃光燈大作，現場一片沸騰。眼看氣氛熱烈，張曄等人還跑下台去繞著整個會場奔跑一圈，最後還回到台上作了個Show，裸奔了十幾分鐘之久。途中，台下的不少員工還跟著跑，和他們合影、擁抱，尖叫聲一片，氛圍很是瘋狂。」

除了「裸奔」這一特殊企業文化外，在阿里巴巴，員工可以穿溜冰鞋上班，也可以隨時到馬雲辦公室。有資料顯示：「連續數年，阿里巴巴的跳槽率一直是3.3%，而一般企業的人才流動率正常範圍是10%～15%。」阿里巴巴人事部經理透露了其中的秘訣：「要想留住人才，營造純淨、寬鬆的辦公環境是其中一種做法。金錢能夠留住人卻留不住心，因此阿里巴巴每年至少要把五分之一的精力和財力用於改善員工辦公環境和員工培養上。」

馬雲從管理的角度來看待問題，他覺得：「員工就是企業的內部客戶，必須先服務好員工，讓他們有良好的情緒，讓他們一想到工作就覺得幸福，才會心甘情願在企業的平台上不斷成長。只有員工在工作中獲得超越工作本身的價值與意義，他們才能把這種使命感與情感傳遞給客戶。客戶在接觸到這種情緒與情感時，他們才會相信企業的廣告、宣言或承諾中所言非虛。」

【馬雲 生意經】

有人的地方就有江湖，辦公室就是一個小小的江湖，在這個小江湖裡產生的辦公室政治輕易便能破壞人與人之間的關係，摧毀人們建立的默契。

馬雲在某次演講上舉例說：「梁山108將，他們除了使命感以外，如果彼此互不相信，大家不團結，光他們自己在山上起內訌，就足以亂了套。阿里巴巴有四千多名員工（2006年資料），如果每個人都號稱自己特別能幹，每個都覺得自己是年輕人，自己一定比別人聰明，程式一定寫得比誰都好，別人一定是不對的，結果就會是天下大亂，那樣的話我也根本沒法管。江山好漢聚在一起，他們的口號是：『江湖義氣，兄弟最大』。不管是不是受委屈了，兄弟最大，凡事退一步。」

當然，今天的阿里巴巴並不是靠講兄弟義氣來管理。但馬雲所要表達的正是一個公司想要穩健地發展，公司內部的團結，互相信任的重要性。隨著阿里巴巴的不斷壯大，人愈來愈多，統一的企業文化建設就顯得尤其重要。因為之後把企業文化建設好了，大家才能堅定不移地去相信它，發展它。針對此，馬雲做出了一系列文化建設舉措，最終，阿里巴巴建立了牢不可破的文化「壁壘」，馬雲說：「天下沒有人能挖走我的團隊。當整個文化形成這樣的時候，人就很難被挖走了。這就像在一個空氣很新鮮的土地上生存的人，你突然把他放在一個污濁的空氣裡面，薪資再高，他過兩天還會跑回來。」

哈佛商學院著名教授約翰・科特在《企業文化與經營業績》一書中提出：「企業文化對企業長期經營業績有著重大的作用，在下個10年內企業文化很可能成為決定企業興衰的關鍵因素。」馬雲對此深信不已。

團隊就是不要讓任何一個人失敗

什麼是團隊呢？團隊就是不要讓另外一個人失敗，不要讓團隊任何一個人失敗。

馬雲認為中小企業要發展，「三分靠戰略，七分靠團隊」。當企業領導者有了定位明確的發展戰略後，就需要有一個良好的團隊來執行。馬雲自己就有這樣一個團隊，跟著馬雲一起開創了中國互聯網商務。

話說，這個團隊的形成，還得從1995年，馬雲第一次創辦中國黃頁的時候說起。他們跟隨馬雲在杭州創辦中國黃頁，後又跟馬雲北上打拼。馬雲第二次創業國富通，與領導者的經營理念發生分歧時，經過艱難的選擇，下決心回杭州重新創業。

這時候的馬雲以及他的團隊已在圈內小有名氣。而馬雲自己經過多年的磨練，對互聯網有了一個更深刻的了解，認為時機已成熟，該是按造自己認定的理念重新創業的時候了，於是約齊了自己從杭州帶去的全部人馬，向他們說明了情況，並且給出了多個選擇，讓大家自己做決定。要知道，這幫人在當時都已經是行業裡的菁英，不論是留在原地還是跳槽去別的地方，都前程似錦。但這些曾經共患難的團隊成員，齊一地做出了一個令馬雲感動一生的選擇：「我們和你一起回杭州去！一起創建一個世界十大網站！」

要明白，人在擁有很多的時候，要全盤放棄而選擇從零開始是多麼不容易的一個決定。自此以後，這個創業團隊不管遇到什麼困難，遇到什麼挫折失敗，都緊密地團結在一起……

回到杭州，在湖畔花園的創業動員大會上，馬雲揮舞著雙手，對著他的一幫戰友，激情澎湃地說：「如果一個人在黑暗之中摸索會怕，但是大家一起喊著往前衝的時候，你們什麼都不會慌了。」就這樣，大家懷著一種創業者所特有的革命樂觀主義精神，沒日沒夜地幹活，一天二十四小時唯一的娛樂就是在實在累的時候，要嘛進睡袋裡休息，要嘛玩會兒撲克，鬥鬥地主，或者馬雲下廚為大家做幾道菜。那段時期，後來被大家戲稱為「阿里巴巴的井岡山時期」，阿里巴巴就是在那裡點燃了電子商務的星星之火。

馬雲說：「如果你要創業的話，一定要有優秀的團隊，否則光靠創業者一個人單槍匹馬地幹絕對不行；而且邊上的人如果只抱著打工的心態還不行，需要他們跟著你一起瘋狂，一起努力，那樣才行。夢想還是要靠做一件一件的事來成就。什麼是團隊呢？團隊就是不要讓另外一個人失敗，不要讓團隊任何一個人失敗。」

創業多年，阿里巴巴伴隨著中國的互聯網，經歷了從春天到寒冬，再從寒冬到春天的四季輪迴；也經歷了從海外到國內，再從國內到國外的曲曲折折。但是，無論遇到什麼樣的困難和曲折，這個團隊始終堅守在馬雲身邊，陪著馬雲享受成功，並繼續經歷以及克服困難。

馬雲是一個擅長「畫餅」的人，他在自己對互聯網一無所知的時候，就已經開始不停地講述互聯網的前景，所以，在沒薪資，吃不上飯，公司最困難的時期，他的團隊始終沒有離開過他，現在阿里巴巴的核心團隊中，有很多人是跟隨馬雲一路成長的。

對於如今的馬雲來說，最初的創業者的情誼是他一生中最寶貴的財富，也是阿里巴巴公司精神的象徵。馬雲從來不怕有人高價來挖牆腳，因為他相信，這些患難與共的兄弟是不會離他而去的。正是這種精神感動著阿里巴巴的全體員工，激勵著大家一起努力。在這種精神的感召下，蔡崇信、吳炯、曾鳴以及哈佛的菁英等等，都紛紛投入到阿里巴巴的陣營。不過，馬雲會時不時地揶揄他們一下：「同志們，他們要是只出3倍的價錢我看就算了，要是肯出5倍嘛，我看還是可以考慮一下的！」

【馬雲 生意經】

對於創業者來說，一個好的創業夥伴能夠縮短成功的時間，使你更快地進入正常的發展軌道，反之，一個不理想的合夥人，反而會拖你的後腿，阻擋你邁向成功的步伐，甚至導致眾叛親離。

從資金、交際面、資源、技術、交情上來說，幾位志同道合的朋友合作創業，與單打獨鬥的創業比較起來，優勢自然更明顯。可以風險共擔，在決策時可以群策群力，眾人拾柴火焰高，創業資源更加充裕，人員調遣更加從容，可用資源更加豐富，能夠使企業成長的速度更快、效果更好。

在尋找自己的合夥人時，最重要的一點就是互相信任，坦誠相待。合夥人的創業理念不可能完全一致，個人意見很可能不被其他人採納和接受。如果大家都能互相信賴，坦誠相待，有共同的目標，相信彼此都是為了把事業做好，自然不會搞出其他的事情。所以，互相信賴是合夥成功的基礎條件。當然，相信他人，在商場上是要冒一定風險的。然而，除非你不打算合夥，否則就必須相信你的合夥人。一定要有「用人不疑」的氣度，才能使生意有更大的發展。千萬不可疑神疑鬼，一個各懷鬼胎的合夥生意，絕不可能做得長久。

團隊合作，什麼是團隊呢？團隊就是不要讓另外一個人失敗，不要讓團隊任何一個人失敗。

分工明確各司其職

我最欣賞《西遊記》中唐僧師徒的團隊。這個團隊，有了唐僧才有了前進的方向，有了孫悟空才了前進的實力，有了豬八戒才有了前進的樂趣，有了沙和尚才有人擔擔子，善後，這個團隊互補，相互支撐，少了誰都不可以。

馬雲在2001年與廈門會員見面會上的演講裡說道：「我最欣賞《西遊記》中唐僧師徒的團隊。因為這個團隊每個人並不是盡善盡美，但各有特點，並且大家互相欣賞。中國人向來認為最好的團隊是『劉、關、張』的團隊，還有趙子龍、諸葛亮，但這樣的團隊真是『千年等一回』，還是唐僧師徒的團隊來得實在。」

他進一步解釋道：「唐僧雖然迂腐，算不上是一個很能幹的領導，但他始終堅持自己要去西天取經的目標不動搖；孫悟空脾氣暴躁卻有通天的本領，是一個優點和缺點同樣突出的人才，這種人才如果引導好，絕對是團隊中的主力；豬八戒儘管是落後分子，好吃懶做，但他很樂觀，情趣多多，能給這個團隊帶來無限樂觀的情緒；沙僧很中庸，任勞任怨，卻心無旁騖，一心當好自己的藍領，每天『八小時工作制』做好挑擔的苦力。」

這樣的團隊無疑比「一個唐僧三個孫悟空」的團隊更能夠精誠合作、同舟共濟。這就是團隊的精神，有了唐僧才有了前進的方向，有了孫悟空才了前進的實力，有了豬八戒才有了前進的樂趣，有了沙和尚才有人擔擔子，善後，這個團隊互補，相互支撐，少了誰也不可以。雖然關鍵時刻也會吵架，但價值觀不變。

馬雲自認為是與唐僧一樣的領導人，而阿里巴巴就是唐僧師徒這樣的團隊，儘管有時候，也會意見不合，但是大家要把公司做大、做好的目標卻是相同的。在互聯網低潮的時候，所有的人都往外跑，但阿里巴巴是員工流失率最低的。

馬雲認為：「中國的企業家應該向唐僧學習，用人用長處，管人管到位。不然只會造就一個明星企業家，而非一個強大的企業系統。」

這是很有道理的，你看唐僧看起來是最無能的，就像馬雲不懂電腦，不懂網路，銷售也不在行，光會說一樣，但他的領導力卻是很強的，把去西天取經的目標看得很清楚，具有很強的使命感。他面對各種誘惑，依然保持著清醒的狀態。不該做的事情，他不會去做。因而他是一個好領導。他知道對孫悟空要管得緊，所以隨時會念緊箍咒；豬八戒小毛病多，但不會犯大錯，偶爾批評批評就可以；沙僧則需要經常鼓勵一番。於是，一個黃金搭檔的組合就這樣形成了。馬雲以及阿里巴巴跟唐僧師徒的成員一樣都非常普通，但最後成功地取到了「真經」。這就是團隊協作，各司其職，完美配合的結果。

對於任何一個企業來說，團隊，不僅僅只是一群在一起工作的人，想要發展壯大，團隊成員就必須能發揮出「1+1>2」的團隊效率，於是相互間的默契配合就顯得尤為重要。

【馬雲 生意經】

馬雲一直把唐僧師徒的組合看作是最佳的團隊，是他學習的榜樣，因為唐僧師徒的成員都非常普通，但最後卻成功取得西天的經書，就是因為唐僧團隊有明確的職責分工。首先他們有組織目標：「取經」。在人才搭配上，也非常合理。唐僧本事不大，但能把握大局，而且執著；孫悟空忠心耿耿，能征善戰，適合打頭陣；沙僧老實巴交，最適合做基礎工作；豬八戒看似一無是處，但能討領導者歡心，能調節氣氛，這種人有時也不可少；白龍馬能力雖然稍欠一點，但其實很有潛力。

唐僧知道一個團隊裡不可能全是孫悟空，也不能都是豬八戒，更不能都是沙僧。而馬雲也認為「如果公司裡的員工都像他這麼能說，而且光說不幹活，會非常可怕」。所以唐僧離不開任何一個人，懂得讓團隊中每一個人各盡其才，正是一個優秀的領導者最需要的能力。

那麼，領導者應該如何建立一個好的職責體系呢？首先，他應考慮的是如何將環境因素融入組織所有員工的職責中。其次，應該讓員工對整個職責系統有基本的了解。然後，應該讓所有員工都知道：他該做什麼？他該怎麼做？遇到問題或完成任務後向誰報告？最後，領導者還應向承擔職責的員工提供必要的權力和保證條件。

而身為領導者，如果是初上路可以像馬雲那般找一個管理學偶像，輔佐自己管理。馬雲知道，一個團隊的成功，與團隊領導者的領導方式直接相關。他需在團隊中時刻發揮表率作用，所以，很多時候，馬雲在阿里巴巴的作用更像一個「佈道者」。那麼，你呢？你在你的團隊中又發揮什麼樣的作用呢？

創投者最怕的就是有人向他們開口要錢了，他們最喜歡你不要（錢），而是他主動找你、送給你！

誠信，誠實正直，言出必踐

我覺得一個CEO，一個創業者最重要的，也是最大的財富，就是你的誠信。它不是一種高深空洞的理念，而是實實在在的言出必行、點點滴滴的細節。

馬雲在《贏在中國》的現場，曾這麼告誡創業者：「我覺得一個CEO，一個創業者最重要的，也是最大的財富，就是你的誠信。」他還舉了這麼一個例子：「比如我今天缺1億美金。打電話3天之內肯定匯款到戶。現在很多房地產老闆叫他拿出1億人民幣出來看看？看他有好大的家產，沒有用，不一定有人敢借給他錢。今天以我的信用，打電話給孫正義、郭炳江（香港新鴻基地產副主席），說我今天資金有問題，我相信他們不會眨眼睛。他們都會說：『I can do！』」

的確，一個創業者，最重要的就是你的誠信，馬雲就是一個將誠信看得很重的人。想當年，馬雲自學校畢業時，為了自己對母校老校長的一句「好，我6年不出來」的諾言，他放棄了別人開出的優渥待遇，堅持在學校裡教了6年書，直到承諾期滿。這就是馬雲對誠信、信用的認知，它「不是一種高深空洞的理念，而是實實在在的言出必行、點點滴滴的細節」。

早在營運阿里巴巴初期，馬雲就給阿里巴巴內部的員工制定了兩個鐵的規定：其中一條就是「永遠不給客戶回扣，誰給回扣一經查出立即開除」，因為一旦給了回扣，就會讓客戶失去對阿里巴巴的信任；還有一條是「永遠不說競爭對手的壞話，這涉及到一個公司的商業道德」。馬雲堅持「所有在阿里巴巴上網的商業資訊，都必須經過資訊編輯的人工篩選」。這個要求從阿里巴巴創業時的18個人開始，一直堅持到現在。「我們會刪去一切看上去不那麼真實的資訊，然後給會員發一個電子郵件，告訴他們沒有發佈這條資訊的理由。」

而對外，早在2002年，總結了多年的電子商務營運經驗的馬雲，就發現中國電子商務發展的桎梏，仍然是誠信體系的不完善。要想帶動整個互聯網演進到「網商」時代，必須有完善的誠信體系護航。

「誠信是擺在中國電子商務面前的一道阻力和一座獨木橋，必須要過。如果誠信體系不建設好的話，電子商務資訊流就會變成毫不值錢的資訊」。於是，馬雲力排眾議，創造性地推出誠信通產品並進行誠信社區的大力建設。

馬雲表示：「電子商務，首先應該是安全的電子商務，一個沒有安全保障的電子商務環境，是無真正的誠信和信任可言的。而要解決安全問題，就必須先從交易環節入手，徹底解決支付問題」。為此，2004年底，當阿里巴巴順利融資8000多萬美元以後，馬雲立刻就著手建立和健全阿里巴巴的誠信體系。淘寶網也創造性地推出了支付寶產品。當時，他們有這樣一個口號：「只有誠信的商人能夠富起來」。電子商務是在虛擬的網路平台中進行的，如果沒有誠信，最後就做不成生意。馬雲後來還宣佈：「支付寶推出了『全額賠付』制度，對於使用支付寶而受騙遭受損失的用戶，支付寶將全部賠償其損失。『你敢用，我就敢賠』」。由此可見，馬雲對支付寶產品的絕對信心，更顯示他不論是為人還是做生意，對誠信的重視之心。

【馬雲　生意經】

古往今來，誠實和信用都是人與人發生關係所要遵循的基本道德規範。兩千多年前的孔子就強調「民以誠而立」，並把「信」作為與「仁、義、禮、智」並列的儒家道德的基本範疇。

創業者在創業時選擇自己的合夥人或者說是創業團隊時，其個人的人品和信用是至關重要的，是影響合作的成功的重要因素。馬雲創立阿里巴巴，前後不過幾年時間，這個公司就奇蹟般地從一家只能在家辦公的小公司變成了全球矚目、全世界最大的企業電子商務平台，這和馬雲個人講究信用，以及帶領團隊經過歷年苦心經營、架構完備的誠信體系脫不了關係。

馬雲認為：「誠信是個基石，最基礎的東西往往是最難做的。但是誰做好了這個，誰的路就可以走得很長、很遠」。

激情，樂觀向上，永不言棄

年輕人都有激情，但年輕人的激情來得快去得更快，持續不斷的激情才是真正值錢。

創業的首要條件是「要有激情」，對於這點，馬雲作為阿里巴巴的締造者，是深有感觸。1995年，他辭掉了大學英語教師的職位，毅然「下海」，涉足互聯網行業這十幾年來，他所走過的路程，用「永遠激情下去」來概括再合適不過了。阿里巴巴B2B公司的上市，無疑是2007年度中國互聯網最重要和最有影響力的事件，而這一事件也不過是當初馬雲創業時用來激勵他的團隊時提到的夢想之一而已。

馬雲覺得年輕人都要有激情。他希望：「阿里巴巴的員工們有晚上幹到十一、二點，累到筋疲力盡地回家，洗個澡，睡個覺，第二天又笑瞇瞇地來上班的激情」，而激情是可以傳遞的。但是現在年輕人的激情來得快去得更快，其實激情要持續不斷地激情，才是真正值錢的激情。他說：「你可以失敗地做一件事情，可以考試沒有考好，可以失去一個項目，可以丟掉一個客戶，失敗了，再來，再失敗了，再來，直到成功為止。這就是激情，即便是失敗了，你也不能失去做人的追求，這就是激情。」

馬雲在創業的道路上不論遇到多少艱難險阻，他都支撐下來，就是靠著這份激情的堅持，才最終創造出影響中國經濟，影響亞洲經濟，影響世界經濟的阿里巴巴帝國。

關於激情在工作以及生活中的重要性，馬雲在某一次演講時向台下的人舉了一個例子。有一次，馬雲去東三省考察，回來，問身邊的人：「大連和瀋陽，哪個城市比較有希望？」大家都認為是「大連」。

但馬雲自己卻最不喜歡大連。因為到了瀋陽之後，馬雲看到的是滿大街都是自己開店單幹的店家。搭計程車，問司機：「一個月收入多少？」他說：「下崗之後就自己幹，覺得有希望，靠自己也挺好的」。然後，再看看大連，在一座很漂亮的公園裡，有一對年輕的情侶在散步，他們的薪資四百五，反觀很多人才二百，而且都下崗了，所以，他們對自己的狀態很滿意。這麼一比較，馬雲得出了一個結論：「大連是座沒有希望的城市，因為它沒有激情。」

而凡事只有自己想要了，才有機會，只有自己想了，你才可以。馬雲覺得：「如果一個人覺得自己領個四、五百的薪資就已經很好的了，為大中國還有很多人比自己窮而心滿意足，那是麻煩的」。反觀瀋陽，工人下崗了還在逆境中求生存，他們知道如果現在不下崗，今後還是會下崗。只要這樣透過自己堅持不斷地努力，才有機會走出更大的希望。而這種向上的希望，其實就是一種永遠向前的激情。

馬雲希望：「當我60歲的時候，還能和現在這幫做阿里巴巴的老傢伙們站在橋邊上，聽到廣播裡說：阿里巴巴今年再度分紅，股票繼續往前衝，成為全球……那時候的感覺才叫真正的成功。」這種即便到老，仍然永不言棄，樂觀向上的精神，就是馬雲所指的激情。

【馬雲 生意經】

激情是什麼？它是一種態度，一種精神，一種責任，一種動力；沒有激情，就沒有前進的動力，就難以有成功的事業。可以說，凡是成功的人都是對事業充滿激情的人！

時下，很多剛出社會的新鮮人滿懷憧憬地進入職場，然而，不久之後的第一個體會卻是對工作環境的失望。然後上班無精打采、或者磨磨蹭蹭，其實，他們並非沒有才華，但就是業績平平，甚至消極怠工。為什麼？這其中一個很大的因素就是缺少激情。

要知道，不論是管理者還是員工，在技術、能力和智商的差別並不大的情況下，誰有激情誰就能更勝一籌。反之，一旦失去了熱情，就很難在職場中立足和成長。所以，無論你是從事何種職業的打工者，抑或是像馬雲一樣充滿激情的創業者、領導者，都盡自己最大的努力去做好本職工作，時刻保持一種不斷進取的激情態度。一旦能最大限度地發揮自己的創造潛力，再平凡的人，也能有非凡的表現。那麼如和保持甚至激發激情呢？馬雲有這樣一個經驗，這還得從頭說起。

有一次，馬雲去瀋陽，有個客戶開了兩個小時的車到瀋陽來見馬雲，他說：「我的生意都是從阿里巴巴網上來的」，於是馬雲就說：「那去你的廠房看看吧。」那是一個國企關閉之後的廠房，兩排，都是三十五歲左右的下崗阿姨在用手工的機器做事，馬雲就過去問其中一位大姐的月收入是多少，她說：「三百五，挺好的，我們夫妻雙雙下崗，女兒上高中，一家人都需要錢，這是一份工作，剛開始的時候是兩百，現在是三百五，網上的單子愈來愈多，只要努力幹，就有機會拿到五百和六百。」

馬雲突然就意識到自己責任重大，如果阿里巴巴關掉了，中國幾十萬家企業將會關掉，就意味著上百萬人的就業機會就會失去，從而影響很多的家庭，而這種使命感大大地激發了他的激情。

是的，當你做某件事，從被動的做上升到打心眼裡認可，當成一種使命一樣去真正熱愛，它就能變成精神上的一種動力，能使你產生做事的激情。所以，使命感，是激情的源頭。

敬業，專業執著，精益求精

不論創業還是工作，最重要的是自己非常喜歡自己正在做的這件事情，因為太愛這件事情而去做，而不是因為別人一句話靈機一動就去做。你要想的就是怎樣把它做好，喜歡它，做夢也為自己做的事情……這樣敬業，你才有機會。

馬雲在電視台當評委的時候，有一次，離節目錄製的時間還差15分鐘，工作人員還未見三位評委入席，聽說是因為馬雲還沒到。就在此時，但見馬雲行色匆匆地趕來，直接殺進化妝間，身後一名工作人員端著一個盒飯跟了進去。有人抑制不住好奇，問專案組的人：「馬雲今天怎麼遲到了？」對方說：「他飛機誤點一個多小時，在機場連行李都沒有拿就直奔過來了」。過了5、6分鐘，馬雲搞定一切，與其他兩位評委一起走進了攝影棚。錄製期間，主持人抽空跟馬雲說鏡頭不在，趕緊先吃點東西吧。但馬雲擺手示意不必了，然後一直堅持到節目錄製結束。身為一家市值幾十億美金公司的總裁，馬雲讓所有人看到了他的敬業。而敬業也正是他的阿里巴巴公司六條價值觀中的一條，是他以及他的阿里巴巴能夠成功的原因之一。

創辦淘寶網的時候，馬雲親自出場，頻繁地與自己的會員進行溝通，廣泛搜集他們的意見，了解他們的需求，甚至為了一個問題，他可以在論壇裡跟淘寶的會員泡到深夜。淘寶的員工都熟悉一個詞，叫「練內功」，也就是「研究如何讓這個新誕生的網站更貼近會員的感受，怎樣讓會員能夠一目了然，並在最短的時間內在800多萬件商品裡找到自己需要的東西」。對於淘寶的客戶服務，馬雲對員工的要求是「要敬業、要用心去服務」；對於技術平台，馬雲對員工的要求則是「精益求精，做出不需要服務的產品」。

打造淘寶網的過程中，淘寶有很多經驗是從阿里巴巴直接移植過來的，阿里巴巴當時已在電子商務領域做了5年多時間，他們最熟悉客戶，最知道客戶需要什麼？同時淘寶網也一直注重進行不斷的研究和學習，他們就曾多次邀請亞馬遜網站原首席科學家來淘寶網進行講學和調研。具體到一件產品如何分類才算科學，一個頁面中產品擺放的細微位置變換所產生的影響，也都是他們學習研究的對象。正是由於馬雲和淘寶員工的敬業，專業執著，精益求精和孜孜以求，才使得淘寶網很快就取得了令人驕傲的成績。

在第二屆海峽兩岸電子商務高峰論壇上，阿里巴巴福建大區總經理楊子江說：「論技術，阿里巴巴遠非一流，它只是整合了相關高科技的成果，卻做了電子商務老大，最主要的原因就是阿里巴巴有一群敬業的員工。」那麼，馬雲又是如何讓這上萬名員工有效的工作的呢？

阿里巴巴集團首席人力資源長彭蕾說：「首先，阿里巴巴選人的標準就與一般企業有所不同。我們首先看的是他的個人取向，與阿里巴巴的價值觀是否匹配，然後才是個人能力、履歷。如果不能融入阿里巴巴的企業文化，再強的能力、再漂亮的履歷我們都不會考慮。」而直接說價值觀聽起來未免虛無縹緲，於是阿里巴巴就用方法將它們具體分解成30條，關於敬業，阿里巴巴是這樣要求員工的。

- 上班時間只做與工作有關的事情；沒有因工作失職而造成的重複錯誤。
- 今天的事不推到明天，遵循必要的工作流程。
- 持續學習，自我完善，做事情充分體現以結果為導向。
- 能根據輕重緩急來正確安排工作優先順序，做正確的事。
- 遵循但不拘泥於工作流程，化繁為簡，用較小的投入獲得較大的工作成果。

每小條都對應相對的分值，採取遞進制，納入到考核之中。

【馬雲　生意經】

1999年10月，當阿里巴巴獲得以高盛牽頭提供的500萬美元風險資金之後，馬雲立即從香港和美國引進大量的MBA菁英。當時，在阿里巴巴12個人的高管團隊中，除了馬雲自己，全部來自海外，但是後來這些MBA中的95%都被馬雲開除了。其中，很重要的一個原因，就是他們的敬業精神很糟糕！

馬雲回憶道：「這些MBA一進來就跟你講年薪至少10萬元，一講都是戰略。每次你聽那些專家跟MBA講得熱血沸騰，然後做的時候你都不知道從哪兒做起。可見，都是理論派，沒有踏實的實幹精神。」

而一個企業想要蓬勃發展，是需要每一位員工愛崗敬業來成就的。只有愛崗敬業的人，才會在自己的工作崗位上勤勤懇懇，不斷鑽研學習，一絲不苟，精益求精，才會為企業做出貢獻。據調查發現：「有79%的用人單位將敬業作為最希望員工具備的素養」。也只有敬業的人，才有可能成為企業的棟樑之材，是希望之所在！

同時，敬業也是一種精神。任何人都有追求榮譽的天性，都希望最大限度地實現人生價值。而要把這種意願變成現實，靠的是什麼？靠的就是在自己平凡崗位上努力付出。企業正因為有敬業精神的員工隊伍，才能在一次次的競爭中奪得勝利，贏得榮譽，取得輝煌的業績。試想，如果阿里巴巴沒有14000多名員工的敬業付出，哪怕馬雲個人再有能耐，他的電子商務帝國夢都不可能實現。

敬業還是一種態度。馬雲說：「不論創業還是工作，最重要的是自己非常喜歡自己正在做的這件事情，因為太愛這件事情而去做，而不是因為別人一句話靈機一動就去做。你要想的就是怎樣把它做好，喜歡它，做夢也為自己做的事情……這樣敬業，你才有機會。」

所以，不要問你什麼時候能夠成功，而要問自己為了登上成功的頂峰具體做了什麼？當你在工作中遇到困難和挫折的時候，是等待觀望半途而廢，還是自我激勵攻堅克難無往而不勝？當你自覺成功無望時，是牢騷滿腹怨天尤人，還是自我反省加倍努力厚積而薄發？

現實中，有很多人儘管才華橫溢，但總是懷疑環境、批評環境，殊不知，就是因為自己這種不敬業的態度，才讓他的成功之路打了一個很大的折扣。所以，記住：「成功的人一定愛崗敬業，失敗的人才始終在尋找理由。」

「我熬也要熬過這個冬天，爬也要爬過去，跪著也要活下來。因為想生存，先做好，而不是做大。」

團隊合作，共用共擔，平凡人做非凡事

你可以不跟他下班吃飯、不跟他交朋友，但是你必須尊重他的工作，你必須與他配合，因為他是你的同事。什麼叫團隊，千年修得同船渡，萬年修得同公司幹活，如果你們兩個就坐在同一個辦公室裡面，隔壁桌子，這是種緣分。

很難想像，馬雲對電腦、軟體、硬體等一竅不通，但馬雲認為：「一個成長型企業成功的原則之一是打造一個具備各種功能的明星團隊，而不只是擁有明星領導人。」他坦言，自己最欣賞的就是唐僧師徒團隊。

在商界，許多人認為「三國裡的『劉、關、張、諸葛、趙』是最好的團隊組合。關公武功高又忠誠。劉備和張飛也有各自的任務，碰到諸葛亮，還有趙子龍，這樣的團隊可謂是千年等一回」。但馬雲卻覺得「中國最好的團隊是唐僧西天取經的團隊」。像唐僧這樣的領導者，既沒魅力也沒能力，什麼都不要跟他說，他就是要取經。孫悟空武功高強，品德也不錯，就是太

有個性，一個公司裡，能力傑出的人，常就是這樣的性格。豬八戒有些狡猾，但沒有他生活會少了很多情趣。沙和尚這樣的人更多了，不講人生觀、價值觀等形而上的東西，「這是我的工作」，幹完了活就去睡覺。就是這樣四個各具特色的普通人，歷經千辛萬苦，最終取得了真經。而劉備的完美軍團卻未能統一天下，所以互補型的團隊才是最好的團隊，這樣的企業才會成功。

「在阿里巴巴的企業文化裡，所有員工都認定自己是普通，沒有人是人傑」，馬雲最不喜歡坊間的人說「阿里巴巴公司全是菁英」。他很認同：「平凡的人在一起做不平凡的事情的這個說法，稱這才是團隊」。「我們每個人都是平凡的，來自五湖四海，我們每個人都覺得有你生活才快樂，因為有我才會讓這個團隊不一樣」。

當然，在公司內部，也時常有不成熟的人說：「我不喜歡這個人，我就不願意跟著他幹，就不跟他配合。」其實這是不專業的。馬雲常勸這樣的人說：「你可以不跟他下班吃飯，可以不跟他交朋友，但是你必須尊重他的工作，你必須跟他配合，因為他是你的同事，什麼叫團隊，千年修得同船渡，萬年修得同公司幹活，如果你們兩個就坐在同一個辦公室裡面，隔壁桌子，這是種緣分，好好珍惜吧，我又不讓你去娶他或者嫁給他，只是讓你跟他配合工作。」

在一個團隊裡面，只要懂得尊重別人，懂得用欣賞的眼光看別人，別人才會用相同的方式對待你。這樣互相配合起來做事，才事半功倍，「所以，不要用負面的眼光看人。你用欣賞的眼光看別人的時候比用兩百句漂亮話更為重要。也許你會覺得這個人跟你不一樣，但是這個世界就是因為每個人都跟你不一樣才這麼豐富多彩。一個父母生下來的三個孩子都不會一樣。不可能這個世界都一樣，因此，團隊成員之間才需要信任，來平衡各種關係。」

馬雲說：「很多時候，中國的企業往往是幾年下來，領導人成長最快，能力最強，其實這樣並不對。畢竟，企業僅憑一人之力，永遠做不大，團隊才是成長型企業必須突破的瓶頸。」

【馬雲 生意經】

一隻螞蟻來搬米，搬來搬去搬不起，兩隻螞蟻來搬米，身體晃來又晃去，三隻螞蟻來搬米，輕輕抬著進洞裡。三隻螞蟻來搬米之所以能「輕輕抬著進洞裡」，正是團結協作的結果。

阿里巴巴的獨特價值觀是：「共同實現創業的夢想，一起實現改變歷史的夢想，一起實現創造財富的夢想，一起實現分享財富的夢想」。很多事情都是「一起」做，這也反映了阿里巴巴對團隊的重視。

話說當今社會，隨著知識經濟時代的到來，各種知識、技術不斷推陳出新，在很多情況下，單靠個人能力已很難完全處理各種錯綜複雜的問題。所謂「人多力量大」，所有這些都需要人們組成團體，依靠團隊合作來創造奇蹟。

在一個企業裡，團隊合作有著無可比擬的力量，團隊成員集體能夠實現個人能力簡單疊加所無法達到的成就。大家為了達到既定目標所顯現出來的自願合作和協同努力的精神，可以有效地激發團隊成員的所有資源和才智，結果必將產生一股強大而且持久的力量。

而要想激發團隊的合作精神，前提條件就是要先組織一個好的團隊。一個優秀的團隊，所有成員之間必須互相信任，彼此之間要開誠佈公，互相交心，做到心心相印，毫無保留；只有團隊的每一個成員彼此之間緊密合作了，才能真正做到整個團體的緊密合作。合作的成敗取決於各成員的態度。

商界很多人喜歡研究狼，因為狼雖然喜歡獨自活動，但牠們卻是最團結的動物，當牠們面臨強大對手的時候，會絕對地合作，會充分發揚牠們的團隊精神，並肩作戰奮勇抗敵。企業就應該好好向狼學習，建立一支「狼性」團隊，學習狼堅韌不拔的精神，學習牠們的團隊協作精神。如果每個人都能將自己的才智和力量發揮出來，主動地做事，為著同一個目標而努力，勁往一處使，那麼團隊的力量一定無可限量。

擁抱變化，迎接變化，勇於創新

面對各種無法控制的變化，真正的創業者必須懂得用主動和樂觀的心態去擁抱變化！當然變化往往是痛苦的，但機會卻往往在適應變化的痛苦中獲得！

在阿里巴巴公司的文化裡有一條非常重要的價值觀叫「擁抱變化」。阿里巴巴認為：「除了夢想之外，阿里巴巴人唯一不變的是變化！」這是個高速變化的世界，互聯網的產業在變，世界的環境在變，人自己在變，對手也在變……我們周圍的一切全在變化之中！而阿里巴巴也一直在思考，在傾聽，在關注，在調整完善，在成長中經歷變革的痛苦！

馬雲在某次演講中說：「我們要擁抱變化，這世界最快的就是變化。在阿里巴巴裡面，我們是說變化就變化，一開始是因為我自己好變化，我的工作就是站在船上看方向的，發現情況，然後要告訴他們方向要轉了，他們就說啊，為什麼又變化，但是沒辦法，這是我的工作。這是一個 CEO 肩負的職責，必須觀察局勢的變化，要變化在變化之前。面對各種無法控制的變化，真正的創業者必須懂得用樂觀和主動的心態去擁抱變化！當然變化往往是痛苦的，但機會卻往往在適應變化的痛苦中獲得！」

2003年，馬雲在杭州宣佈：「阿里巴巴投資1億元打造成中國最大的個人網上交易平台淘寶網」。他先從3年前的反對C2C甚至企圖說服其他人放棄C2C，到2003年毅然決然的投身到C2C的洪流當中一砸就是1億人民幣，可以說這是個巨大的心理變化，這個轉變本身就意味著馬雲是站在一個先推倒再重建的思想上慎重考慮的。

事情的起因是全球電子商務巨頭eBay和中國易趣兩強聯手，準備獨霸中國C2C市場，而馬雲對阿里巴巴公司戰略的改變，由單做B2B，跨界涉足C2C，就是因為預見了將來的變化，eBay將來必定會透過C2C，進而進軍中國的B2B市場，如果馬雲不在對手變化前先行動，將來就有可能造成自己的危機。所以，他力排眾議，主動擁抱變化，建立淘寶。在多數人認為是以卵擊石的情況下，用了不到兩年的時間，打敗了eBay易趣，奪得霸主地位。

2004年9月阿里巴巴成立五週年時，馬雲宣佈了公司戰略從「Meet at Alibaba」全面跨越到「Work at Alibaba」。馬雲為這種變化做的解釋是：「『Meet』就是把客戶聚在一起，就像做水庫，如果養魚，沒什麼意思；如果做旅遊，還要花費水電。所以，『Meet』的錢都是小錢；『Work』則意味著水庫要鋪管道，把水送到家裡變成自來水，自來水廠賺的錢一定比水庫多。」他就希望電子商務對每一個中小企業來說都能像擰自來水一樣方便。那次轉型主要是向更專業化的方向調整。因為馬雲這個船長認為：「當時的電子商務處於一個累積期，過不了兩三年必然有一個爆發」。因此阿里巴巴必須搶在那個變化前先變化，而不是等到出了問題再去想法解決。互聯網世界總是充滿風險的，誰能擁抱變化並且具有大膽追求的勇氣，誰就能在這個領域裡生存下去。而阿里巴巴恰恰具備了這種勇氣。阿里巴巴幾乎每天要面對各種各樣的挑戰和變化。馬雲說：「自己以前總是強迫自己去笑著面對並立刻準備調整適應。而今天，他不僅僅會樂觀地應對一切變化，而且還懂得了在事情變壞之前自己製造變化！」

2005年8月11日，農曆七月初七，傳說中的牛郎和織女相會的日子，雅虎中國和阿里巴巴選擇在這一天走到了一起，結成戰略合作同盟。這一消息來得突然，一經宣佈立即在當時造成業界震撼。他們的合作顯示了一個真理：「互聯網沒有永久的敵人，也沒有永久的朋友。互聯網的世界總是處於不斷的變化之中。」

【馬雲　生意經】

在過去的十年裡，阿里巴巴和馬雲本人十幾年的創業經驗得出：「人要懂得去了解變化，只有適應變化的人才能成功，真正的高手還善於製造變化，在變化來臨之前變化自己！面對變化，任何抵觸、抱怨和對抗變化的不理性行為全是不成熟的表現，很多時候還會付出很大的代價，因為你不動，別人在動！這世界成功的人是少數，而這些人一定是能夠在別人看來是危險，是災難，是陷阱，是變化中，冷靜地找到了常人難以看到的機會。所謂危機，危險之中才有機會，正是這個道理。」

對於企業而言，想要生存和發展的法寶，就是變化。只有變化，透過變化，才能使企業在風險的搏擊中成功地抵達希望的彼岸。美國著名的通用汽車公司的前總裁斯隆曾說：「有意停止發展就等於窒息。」這就說明如果公司要想在一個不斷變化的世界中倖存下去，就必須認識環境，跟隨環境的變化而做出相應的調整。而公司的管理方法，就必須根據所處環境的變化和當時面臨的問題，不斷進行調整和改革。只有這樣，才能使公司沿著正確的方向，持續向前發展。

應該說，變化是一門藝術，更是一門學問。不管你是覺察到還是沒有覺察到，不管你是願意還是不願意，每個人時時刻刻都在尋求變化。所不同的是，善於變化的人愈變愈好，而不善於變化的人卻是愈變愈差。很多人之所以一輩子都碌碌無為，都是因為他活了一輩子都沒有認真地去體會、揣摩過成功人士之所以成功的原因，都沒有弄明白變化對人生的決定性作用，都不知道怎樣變化才能為自己的人生畫上燦爛的一筆。

處在當今這個競爭激烈的商業社會，只有掌握了變化之道，才能泰然應對各種變化，並在變化中尋找到機會，在變化中取得成功。阿里巴巴就是一直秉承著「開拓創新，敢為天下先」的精神，走別人不敢走或沒人敢走的路，才創造了中國電子商務的歷史。

客戶第一，客戶是衣食父母

阿里巴巴永遠是貫徹客戶第一、員工第二、股東第三這個理念的公司。客戶是衣食父母。無論何種狀況，始終微笑面對客戶，體現尊重和誠意。

「客戶第一」是阿里巴巴的「六脈神劍」「法規」裡的最後一條，也是最重要的一條價值觀，身為阿里巴巴的員工，不論是被要求「誠信」、「激情」、「敬業」、「團隊合作」、「擁抱變化」，最後的目的就是要達到「客戶第一」。為了確保這一原則的落實，馬雲非常重視執行力度。

很多企業說歸說，做歸做，但在阿里巴巴不行。馬雲將其定為一個鐵的紀律，不論是誰如果違背了這一條，都得離開這個公司。為此，馬雲曾開除過好幾個人。那時候的阿里巴巴一個月的營業額最多也就十幾萬，而被開除的人之一，光他一個人的營業額就是八萬，可惜，他違背了阿里巴巴的天條，只得走路。

眾所周知，馬雲的電腦知識非常有限，然而，他很自信地說：「正因為自己不懂得技術，反而使阿里巴巴獲得一定程度的發展，並且愈來愈快」。因為馬雲堅持認為「技術是為人服務的」，於是便告訴工程師，他們寫的任何程式，他都要試試看，如果發現不會用，趕緊扔了，因為馬雲不會用，80％的人跟他一樣不會用，再好的技術如果不管用，都是瞎掰。

正因為有馬雲這個不懂技術的人在做品質管制員，所以阿里巴巴的工程師寫出來的程式才大大地簡化了阿里巴巴網站中各種功能的使用方法。這也是阿里巴巴的網站為什麼那麼受一般企業家歡迎的原因之一，用戶們打開流覽器，看到需要的東西，只要點擊就行了。

到了2004年，阿里巴巴已經是國內第一的B2B平台，甚至是國際B2B領域的第一，很多人都會認為阿里巴巴已經完全有能力上市了，但是馬雲並不這樣認為，他堅持認為阿里巴巴上市的時機未到，應該把客戶服務做得更好，為此，他為當時的阿里巴巴的未來三年定了3個目標，其中一條是「成為中國客戶最滿意的公司」。從流程到戰略制定都圍繞這「客戶第一」的原則，也是在那一年，他把九大價值觀的第9條：「尊重與服務」改為「客戶第一」，並提升為新出爐的「六脈神劍」的第一條價值觀。

2005年，阿里巴巴與雅虎中國聯姻，當時的雅虎作為一家跨國公司，其「員工非常為驕傲，而竟然被阿里巴巴這個未上市公司所收購，部分雅虎員工難以接受這一事實」。馬雲當時就說「什麼都能談，只有價值觀不能談」，於是他用了一種非常幽默的方式給雅虎員工上了一課，旨在宣揚阿里巴巴的企業文化，告訴雅虎中國員工在以後工作中要根據客戶的需求改變工作方法。馬雲說：「阿里巴巴認為『客戶是懶人』，於是規定了要以『客戶第一』的天條，替客戶著想，以顧客為導向，是雅虎中國的員工必須要認同的文化。」

在公司內部，馬雲經常跟員工交流這樣一個故事：

杭州有一家很有名的餐廳，需要提前幾天甚至是一個星期預訂座位。6年前，馬雲第一次去這個飯店的時候，它還只有幾張桌子而已，馬雲點好菜後在那兒等，過了5分鐘，經理來了，說：「先生，您的菜再重新點吧。」馬雲問：「怎麼了？」他說：「您的菜點錯了，您點了四個湯一個菜。您回去時一定會說我們餐廳不好，菜不好，實際上是您菜點得不好，我們有很多好菜，應該點四個菜一個湯。」馬雲當下便覺得這個餐館很有意思，為客人著想，不會像人家看見有客人來，就說「龍蝦怎麼好，甲魚也不錯」。他會對客戶講「沒必要點這麼多，兩個人點這些就行了，不夠再點」。客戶便會感覺他是為自己著想的，於是，客戶滿意了，而餐館也才會成功。

【馬雲 生意經】

「客戶第一」是把阿里巴巴的具體業務與馬雲定下的遠大目標聯繫起來的點。在公司和產品設計方面，它是一個需要貫徹的原則。而在業務層面，所有阿里巴巴的服務都圍繞著這一原則展開。這種優勢，在有競爭對手的時候，往往成為客戶選擇阿里巴巴的重要原因。

在阿里巴巴，「客戶第一」處於阿里巴巴價值觀的頂層，其內容就是要求企業「以高質量的優質服務來贏得客戶的信賴」。優質服務在某種程度上是一個成功品牌在商戰中最重要的制勝籌碼。產品是容易被競爭者仿造的，而服務則因為依靠了組織文化和員工的態度，因而很難被競爭者所模仿。

「客戶第一」這個理念，幾乎所有的公司都是這麼提倡的，但未必所有公司都這麼做，包括阿里巴巴也是這樣。但馬雲說：「今天阿里巴巴的員工已經達到1萬4千多名，我們不能保證每個員工都能夠把客戶利益放在第一位，但是我們訓練的時候就是必須要這樣。所有阿里巴巴的銷售人員必須回杭州總部，進行為期一個月的學習、訓練，主要的學習訓練不是銷售技能，學習的是價值觀、使命感。」

馬雲經常跟他的員工分享他的道理，比如「當一個銷售員腦子裡面想的都是錢，講話全是人民幣的時候，他連寫字樓都進不去。我們不難發現寫字樓裡面很多條子寫什麼？謝絕銷售。而且銷售人員絕大部分都穿得差不多的。保安馬上能夠把人給領出去，因為這樣的人一般腦子裡想的都是如何賺別人的錢，最後往往遭人反感；但是，如果一個銷售人員把客戶放在第一位，覺得自己的這個產品是幫助客戶成功的，這個產品對別人是有用的，那他的自信心就會特別強，最後也更容易獲得認可。」

八、領導者的智慧：

當好公司守門員

阿里巴巴的員工，別的公司出3倍薪水，也不動心。對於其中奧妙，馬雲是這樣解釋的：「在阿里巴巴工作3年就等於上了3年研究所，他將要帶走的是腦袋而不是口袋。」

在中國，他無疑是艱苦創業並獲得成功的勵志故事的最佳樣本，但會有那麼多人拜倒在他的西裝褲下，卻不僅僅是因為他事業上的巨大成功。在他的領導才能中，說服別人的能力是必不可缺的一項。在他的魅力構成中，他的演講能力佔據了很大一部分。他演講時總是妙語連珠、字字珠璣。與其說是他的演講征服了觀眾，不如說是那些話語背後，馬雲的智慧傾倒了眾生。

CEO就是守門員

我做了一份組織結構框架圖，最上面是顧客，其次是員工、中層幹部，最後是高層管理幹部。我在公司是在最底層，就像一個守門員，把住大門，把住方向。

2005年，馬雲在深圳香格里拉飯店演講的時候說：「你問我的老闆是誰？就是我前面的幾個副總裁，副總裁的老闆就是他們前面的總監們，總監們的老闆就是他們前面的員工，員工們的老闆就是他們前面的客戶。很顯然，我就是這個足球隊的守門員。如果你們發現一個球隊的守門是最忙的，那麻煩就大了，他的技術再好也不行。」

馬雲的意思是說CEO是守門員，在公司最底層，主要的工作就是把住大門，把住方向。別看他平時在公司裡比較清閒，其實這種清閒背後，對於「守門員」的要求卻是最高的，因為如果他「不失守，球隊至少可以打成平局」。而且，馬雲常跟員工講，如果阿里巴巴的客戶的投訴與抱怨，直投到他這個CEO面前來，這就說明我們自己的服務做得還遠遠不夠。

在馬雲多年的創業生涯中，曾碰到過很多的麻煩，好在他這個「守門員」還算稱職，最後都順利帶領公司闖過了難關。比如說回扣問題。1995年，馬雲替人家做網頁的時候，如果收入有2萬的話，光回扣就要給5000元，那麼這回扣到底給不給呢？對此，公司內部有很多爭論，最後馬雲決定「不給」。一開始很多人都不相信這個決定能成功執行，後來有兩個頂級銷售人員仍然在給回扣，馬雲便毫不猶豫地將其踢出局去，「殺一儆百」，這條鐵的紀律才被堅定地執行下來。馬雲說：「我認為寧可關門不做生意，也要給客戶一個好印象。」

2000年，在網際網路最熱門的時候，有人做過統計：「一個月有1000家網路公司成立」，大家都想上市圈一筆錢就走。在第一屆「西湖論劍」時，馬雲發現了這股歪風，他不希望這股風氣影響到公司員工的士氣，於是立刻採取行動，走了三步棋：「第一，開展『整風運動』，統一思想，統一目標，提出要做80年的企業，絕對不圈一筆錢就走。第二，培訓全部員工，為了培訓一批優秀的『團級』以上幹部，馬雲把資金都收縮回來做員工和幹部培訓。第三，『南泥灣開荒（南泥灣位在延安東南45公里，八陸軍曾在此開墾。意指大生產運動中所體現的自立更生、艱苦奮鬥的革命精神）』，提出2002年必須贏利1元錢，很多人都會認為不難，只要再努力一把，哪怕是把廁所的燈關掉就能完成，結果當年贏利50多萬。」

馬雲說：「十幾年的創業經歷至少可以證明一點，那就是像我這種什麼技術都不懂的人都能創業，而且小有成就，那麼80％的人都可以，但關鍵是你怎樣把平凡的人聚在一起，做好『守門員』的工作。」

但「守門員」並不是那麼好當的，用馬雲的話說就是：「即使『二把手』和『三把手』都能徹底理解你的想法，當領導也是很孤獨的。在企業當家好比當船長，船長必須爬到杆上看風向，預測未來，而且領導還必須考慮如何完善制度和招募人馬，等真正成功之後，領導又必須接著考慮後年的決策。所以成功的時候，領導不能分享，但是失敗一定要承擔。換一個角度說，球隊進球了，不是守門員的功勞，但自己的球門被別人攻破了，卻一定是守門員的責任，這就是CEO！」

【馬雲　生意經】

CEO是「守門員」，這是馬雲對於一個企業領導者的定位，他把自己放在了最低的位置上。而正是這種「守門人」的自我認知，讓他成為中國最優秀的CEO之一。

要做一個優秀的CEO和做一個出色的守門員一樣是一件不容易的事情。守門員的職責要求他的腦子要有非常快的反應，每天想的問題就是怎麼組織戰鬥，「比方說我要考慮的文化就是一年以後要做的效果，我必須考慮制度和徵才，但是真正到了成功的時候，我考慮後年的決策。」總之，CEO永遠馬不停蹄。

而且，在企業中，只有兩種情況下，CEO才是CEO：「第一是做決定的時候，第二在自己犯錯誤的時候」。因為面對企業的錯誤，作為CEO，必須有擔當地說：「這是我的錯，而不是成功的時候，功勞歸自己，失敗的時候就責怪員工們執行不力，是團隊不好。」

一個優秀的CEO除了要守住自己的「球門」外，更重要的是要能在商場上「知己知彼，百戰不殆」。於馬雲而言，「己」當然是指他的員工，這是公司最大的財富；而「彼」則是顧客，雖然很多商人會認為「彼」是對手。

那麼，對於CEO所扮演的守門員角色來說，哪些權力是他所能夠行使的呢？而這些權力又來自哪裡呢？

一些「強硬」的CEO喜歡對不服從管理的員工說：「我是組織安排我來擔任這個職務的，你必須聽我的。」但馬雲認為「這是最弱的一種權力表現形式」。因為中國員工總是喜歡當面一套，背後一套，尤其是那些有一定能力的人，可能表面上表示服從，但私下有什麼想法就不一定了。還有一些「財大氣粗」的CEO喜歡說：「我有錢，可以誘惑他們。」的確如此，但是這是個競爭社會，用金錢購買來的權力在更雄厚的財力面前就會失去效用。還有人說：「我有強制力，不聽我的就開除你。」可以，但是沒有任何一個企業會需要這樣的CEO。

所以，馬雲認為：「權力在運用時都必須非常慎重。」一個CEO需要做的就是發揮自己的專家力、典範力。比如你是某方面的專家，必然直接影響周圍人的行為舉止。簡單地說，當你擁有職位、金錢的時候，你就擁有硬力量，這就意味著你會比沒有硬力量的人顯得更為強大，你成功的平台就更好。

保持新鮮的思維刺激

要保持新鮮的思維，讀萬卷書不如行萬里路，做企業，眼光要比別人看得遠。

「我在公司管理的過程中，要想真正領導這個團隊就必須要有獨到的眼光，必須比人家看得遠。所以我花好多時間參加各種論壇，全世界奔跑，看矽谷的變化、看歐洲的變化、看日本的變化，看競爭者、看投資者、看客戶。」馬雲認為做企業定要常常眼觀四面，耳聽八方，中國所有的企業家都必須要多看一看，不但要讀萬卷書最後還要行萬里路。

在北大光華 EMBA 開學典禮的演講上，馬雲說他是老師出身，當老師都是在外面學知識交給學生，而且老師都特別希望學生超過他。如今已不當老師多年的馬雲，在阿里巴巴內部仍然扮演著一個教師的角色：「到處跑，到處看，把所見所聞帶回來給同事們，幫他們打開眼界。」而馬雲自己辦企業的經驗與心得亦在不斷的遊歷中得以修正。

話說 2002 年，阿里巴巴做了 1 塊錢的利潤，當 2004 年，公司一天做到 100 萬的現金收入的時候，馬雲覺得還挺得意的。結果有一次去日本，有一個日本企業家跟他聊天，對方向他抱怨自己今年生意做得不是很好，營業額很糟糕，只做了2百億。馬雲直覺是2百億日圓。哪知人家說是2百億美金。馬雲一聽，立刻呆掉，那個時候，他就知道自己與人的差距了，人家覺得2百億美金是生意差，自己一天100萬人民幣的收入就覺得很好了。自此，馬雲再也不敢得意，回到阿里巴巴踏踏實實地埋頭苦幹。

2009年，2月27日至3月14日期間，馬雲率領阿里巴巴集團高管一行13人訪問美國，有人在史丹佛問馬雲，經濟危機時期，來美國幹什麼?馬雲說不知道，不過要回去之前會有答案。在那半個月的時間裡，阿里人先後在EBay、Google、雅虎、蘋果、微軟、星巴克、通用電氣、CNBC等美國著名公司總部考察交流、探討合作，與美國前總統比爾・柯林頓、索羅斯基金管理公司主席喬治・索羅斯、EBay首席執行長約翰・多納霍、Google首席執行長埃里克・史密特、雅虎首席執行長卡羅爾・巴茨、微軟首席執行長史蒂夫・鮑爾默、星巴克首席執行長霍華德・舒爾茲等深入交流。期間，馬雲還應邀參加了兩場主題演講。回國之前，馬雲說：「我現在可以告訴你們，我們來美國的目的有兩個，一來這次旅行是個很好的培訓團隊的機會，二來是到美國學習，尋找合作夥伴的。」

馬雲即便在經濟危機時期，也不忘帶團隊一起學習互聯網，判斷未來。也正因為這次的學習之旅，馬雲看到矽谷已經沒有十年前那般充滿激情與幹勁，於是更加堅定了阿里巴巴的大好前景。因為與國際性大公司比，阿里巴巴即便面對經濟危機，仍然沒有忘記自己的使命，仍然堅持自己第一天的夢想。

在外看到了信心，在內，馬雲就更加有自信。「天下沒有人能挖走我的團隊」，這是馬雲的諸多「狂言」之一。他對團隊的自信來自實實在在的資料：「阿里巴巴連續數年的跳槽率基本保持在3.3%左右，而在人才流動率非常高的互聯網行業，一般公司的跳槽率都高達10%以上。」從1999年創始團隊的18個人開始，到2009年阿里巴巴集團已經擁有1萬4千多名員工。馬雲的能耐吸引了一批又一批優秀人才的加盟。現任集團CFO的蔡崇信、就是在阿里巴巴創辦初期就加入進來的。那時的他還是一個全球著名投資公司的副總裁，以他當時的收入，可以買下幾十個剛剛成立的阿里巴巴。之後，從最年輕的世界五百強中國區總裁、原百安居中國區總裁衛哲、長江商學院企業戰略管理教授曾鳴，到美國沃爾瑪百貨集團全球資深副總裁兼全球採辦總裁崔仁輔，都陸續投身阿里巴巴。眾多菁英是怎麼被阿里巴巴吸引的呢？

聽聽鄧康明是怎麼說的，就能知道答案。鄧康明曾是微軟中國區人力資源總監，在卸任的時候，另外一家跨國公司曾為他開出了高於微軟20%的薪金及優厚的福利條件，但是他卻選擇了阿里巴巴，薪水比微軟期間甚至還低了20%。鄧康明說：「我看重的不是馬雲許諾的股票期權，而是在阿里巴巴，我能感受到每一個人每一天都在創造著新的東西。」

正是阿里巴巴有一種快樂的，有朝氣的、有激情的氛圍，每天都有新東西的出現，讓人覺得這裡就像阿甘所說的：「生活就像一盒巧克力，你永遠不知道你會得到什麼」。於是懷抱著那下一秒的期待，許多人忍不住加入進來。

【馬雲 生意經】

讀萬卷書還要行萬里路。如果一個企業家老是窩在一個地方，久而久之，他自然就會狹隘而自大，而這樣一個沒有智慧的領導者，是「管」不住他的企業的，也無法帶領企業創造出一個美好的未來。所以，做企業要時時關注全球動態，而「行萬里路」是個好的途徑。

自古，人們就認為：聞之不見，雖「必謬」，又「聞之不若見之」，要求知，遍遊各地，親見親歷是必須，這就叫「遊學」。孔子曾周遊列國；孟子閉門讀書多年之後也周遊各國，成為當時有名的遊士，「後車數十乘，從者數百人」；司馬遷十年苦讀之後，背起行囊遍遊天下，竟依依不思歸，這些都是各人素質累積到一定程度，就需要出走遠行來增加生活廣度的好例子，而馬雲也是一個「遊學」愛好者。

那麼遊學具體有什麼好處呢？大致有如下幾種：一可親見親歷，增長見識，不懂電腦不懂網路的馬雲就靠見多識廣來收服手下的菁英；二是透過遊歷可以印證先前所做是否正確，馬雲就是在與世界各地企業家的交流中，不斷調整自己管理企業的思路；三是透過親歷親見可以考察事物的變化及其變化原因，即孔子講的「我之遊也，觀之所變」，互聯網瞬息萬變，想要牢牢把握行業動向，必須多看多觀察；四是可在遊歷中將自己的知識和學說施之於「行」。這是擅長「忽悠」的馬雲最拿手的。自創業以來，馬雲滿世界跑，演講，開講座，當評委，像佈道者，在宣傳阿里巴巴的同時，亦將自己辦企業的經驗與廣大的粉絲分享。

如此，「遊學」既可獲得新知識，又可驗證學來的間接知識，此外還有機會在實際生活中推行自己的見解學說，無怪乎從古至今，有遠大抱負的人皆要「行萬里路」了。

馬雲說：「如果有一天，阻礙公司發展的人是我馬雲，要嘛換我自己的思想，要嘛立刻換掉自己，時常保持新鮮的思維，這樣公司才能一代一代發展。」他甚至為自己的將來安排好了後路：「創業是4000米的賽跑，我第一圈跑得好不等於我全部跑得好，所以我希望我儘早回到我做教師，做農業、做環保的工作上面去。」

挖出別人自己都不知道的優點

領導人要能把人身上最好的東西發現出來。你要找這個人的優點，找到這個人自己都不知道的優點，這是你的厲害之處。

關於挖掘內部人才的問題，馬雲認為：「永遠要想辦法找到在公司內部能夠超過你的人。在公司內部找到能夠超過你自己的人，這就是領倒者發現人才的辦法。如果找不到，問題一定在領導者身上，也許是眼光有問題，也可能是胸懷有問題，還可能連實力也有問題。」

「在內部找到超過自己的人，你要相信這個人三年五年以後一定超過自己。找出這樣的人來，今天也許有這樣那樣的問題，但是一定有這樣的潛力。第二個從結果上判斷他，從過程上判斷他，從他身邊的人判斷他，但是還有很重要的，是讓他給你推薦他認為最優秀的人是誰，從這兒判斷他是不是優秀的人才。」

就拿孫彤宇來說，雖然目前已經離開了阿里巴巴，但他卻是阿里巴巴歷史中，不能不提的一個人物，也可以說是馬雲一手提拔起來的。從1996年馬雲做中國黃頁的時候起，他就和馬雲風雨同舟，一起創業。在阿里巴巴成立之初，馬雲曾說原來的人最多只能當連長、排長……只有孫彤宇當即表態：「我們有信心將來變成師長、軍長。我們需要自己變成軍長、師長，每個人都需要成長。」在孫彤宇的努力以及阿里巴巴的培養下，公司創辦兩年後，孫彤宇已經成長為阿里巴巴的副總裁。

2003年，在秘密打造淘寶的時候，馬雲經過深思熟慮，將任務交給了孫彤宇。孫彤宇成為淘寶網總經理，成為阿里巴巴的第一個「封疆大吏」，孫彤宇也實現了自己當「軍長」的理想。他用兩年的時間，帶領淘寶打敗eBay易趣，圓滿完成了任務。淘寶使孫彤宇真正成長為一位合格的「將軍」，這一切都離不開馬雲的培育。在阿里巴巴，像孫彤宇這樣，經過培養，長成阿里巴巴棟樑的還有李琪、金建杭等。

李琪曾在馬雲第一次創辦互聯網公司——中國黃頁的時候，任首席技術長。後離開馬雲。但在2000年又加入了阿里巴巴，並擔任技術副總裁。2000年10月，他臨危受命，擔任銷售副總裁，把所有銷售都集中起來，建立直銷團隊。在這支隊伍中，除了成員李旭輝之外，其他人都不懂銷售也沒幹過銷售。而這是場關乎阿里巴巴生死的戰鬥，營銷行動的成敗可以說決定著尚顯稚嫩的阿里巴巴的生死。

那麼馬雲為什麼會選擇李琪呢？

李琪自己如此解釋：「可能馬雲覺得我不僅懂技術，而且腦子靈，能消受。而且在戰爭中學習戰爭，是阿里巴巴的一貫作風。」

李琪沒有辜負馬雲的期待，在這場生死戰中贏得了頭彩。正是由於這場營銷戰的勝利，阿里巴巴才駛上了快車道，開始了快速發展。2003年至2004年，李琪擔任高級副總裁兼阿里巴巴公司國際事業部總經理。2005年1月1日，擔任阿里巴巴公司首席營運長一職。

再說金建杭，人如其名，杭州人。他為阿里巴巴集團最初創業團隊「十八羅漢」之一，當過記者，曾用照相機和攝影機記錄下了阿里巴巴創業之初那段艱辛而快樂的回憶。作為創業團隊中的一員，金建杭無疑都發揮了積極的作用。因為他是記者出身，所以一直是阿里巴巴的新聞發言人。有人說：「在阿里巴巴，對外講話第一多的是馬雲，第二多的就是金建杭」，他同樣為阿里巴巴的崛起立下了汗馬功勞。

2008年1月份，被任命為雅虎中國的總裁。阿里巴巴的四大版圖中，阿里巴巴、淘寶、支付寶都是「全線飄紅」，只有雅虎中國仍處於「水深火熱」之中，金建杭的擔子不輕，但是從阿里巴巴歷練出來的金建杭，充滿了信心。

【馬雲 生意經】

培養員工是每一個管理者的基本職責。注重人才培養，是改變企業的發動機。反過來說，如果一個企業沒有將培養員工當成是一個組織最基本的信念和行為，那麼由他引導的企業也無法長久地生存下去。

馬雲深知只有當下面的人超越自己的時候，自己才是真正的領導者，所以，他很注重人才的挖掘與培養。他說：「如果身為領導，某天，你突然發現當了3年領導，你的水平還是公司裡最好的，那你根本就不適合當領導，領導是透過別人拿成果。劉備打打不過關公，算算不過諸葛亮，但是劉備是最聰明的，所以領導最需要關注下面人的成長。」

馬雲正是懷著想讓下面的人儘快超越自己的心胸來看待培養人才的。他大膽讓員工獨當一面，就是為了鍛鍊手下的團隊，讓他們儘快地超越自己。他用人的原則只有一條，那就是「看你的品質、能力，還有你的成長速度」。阿里巴巴上百人的骨幹團隊，都是創業過程中培養出來的。

在培養人才方面，除了經常性的培訓，對外交流外，最重要的就是給他們創造一個充分發揮自己才能的場地。這時候就需要管理者有風險意識，敢於承擔一切後果，敢於放手使用人才，眼光要準，胸懷要像大海一樣大。

馬雲為了能夠使高級管理人員得到各個方面的磨練，還將高級管理人才對調。在阿里巴巴上市不久後，阿里巴巴集團高級人才陸續前往海內外著名商學院脫產（暫時脫離工作崗位）學習、休整、提升，更充分地與行業內外的優秀企業、企業家交流溝通。

馬雲表示：「要實現『由中國人創辦的全世界最優秀的公司』這一遠景，其前提必定是要具備一個偉大公司所必備的胸懷、眼光以及全球化視野，擁有一支全世界最優秀的管理團隊」。

除了一如既往地提升自己和引進外部人才之外，阿里巴巴還大力推進走出去的人才戰略部署，同時加強各關鍵部門的人才儲備、輪崗和接班人制度。在阿里巴巴，除了馬雲沒有輪過崗，其他人都輪流過。

很多做企業的人，心態好，激情高，對自己的信念也非常堅持，具備創業者的基本素質。但是光有理念，是不值錢的，真正值錢的東西是企業所創造的價值，是腳踏實地的結果。很多人說他有非常優秀的理念，但其實這世界上沒有優秀的理念，只有腳踏實地的結果。

把權給別人，才能得到真正的權力

權威是你把權給別人的時候，你才能有真正的權力，你懂得傾聽、懂得尊重，承擔責任的時候，別人一定會聽你，你才會有權威。

史玉柱說他和馬雲的管理風格大不同，馬雲喜歡把權力下放，一個總公司下面有許多子公司，這些子公司都有很強的自主權。而巨人網路則比較中央集權，只是一家公司，下面的都是各部門、辦事處，他們的自主權不是很大。可以說巨人在管理上比阿里巴巴更強勢一些。但這並不能說明馬雲在他的公司裡就更弱勢。只是大家處事方式不同，馬雲認為：「權威是你把權給別人的時候，你才能有真正的權力，你懂得傾聽、懂得尊重，承擔責任的時候，別人一定會聽你，你才會有權威。」所以，阿里巴巴旗下有五個子公司。

最初，阿里巴巴把銷售、網站、營運等按功能分成不同產品，比如阿里巴巴的主打產品「中國供應商」、「誠信通」，歸到一個銷售部門來做，兩個產品的服務、客戶培訓也分別由客服和阿里學院來做。而衛哲將原先的部門全部拆開，完全以誠信通和中國供應商兩個產品為中心，把銷售、客服、網站全部放進去，組成了國內貿易事業部、國際貿易事業部。在兩大產品的基礎上，又獨立出國際業務發展部、創新部、參謀部、業務發展與推廣部等獨立部門。

2007年，在阿里巴巴上市前期，馬雲為阿里巴巴做了一次架構大調整，將旗下五虎，即阿里巴巴、支付寶、阿里軟體、雅虎口碑、淘寶網都拆開獨立運作，由原來的子公司改為分公司。分別由衛哲負責B2B業務、金建杭負責雅虎口碑、陸兆禧負責淘寶、邵曉鋒負責支付寶、王濤負責阿里軟體。五家分公司形成了一個「電子商務生態鏈」。而五家分公司的高層，都是馬雲一手培養起來的。

衛哲說：「以前的零售生態鏈是你死我活，以大欺小，而阿里巴巴的『電子商務生態鏈』卻是開放、協同、繁榮的。以前是一個沃爾瑪起來了，附近的小店都會倒閉。以後『電子商務生態鏈』的格局會不同，所有的小店都會活得很好。」

在阿里巴巴建立的整個生態鏈裡面，大淘寶負責抓住C2B，是整個C2B2B2S的核心。支付寶、阿里軟體、雅虎口碑是屬於B2S。企業需要各種服務，但一定是大量的第二個「B」來了以後才能帶來的服務。所以整個阿里巴巴集團的佈局，就是「淘寶是C2B，是源頭，中間是B2B撐腰，後面跟著是B2S」。五家公司各司其職又互為補充，共同幫助中小企業到網路零售商到消費者的良性互動。而馬雲則凌駕在五家分公司之上，建立著以他為主導的新的互聯網商業文明。

【馬雲 生意經】

企業發展到一定規模，就不是一個人的能力所能掌控的，這時候，領導者在管理企業的時候，就會面對進退兩難的選擇，處理不好就會導致更大的危機。這個時候，就需要一些得力的助手幫著運籌帷幄。那麼這些得力的助手是怎樣培養出來的呢？除了他們自身擁有的素質外，應該說，是領導者權力下放後的「產物」，即「授權」。

授權的成功與否，往往決定著企業的興衰成敗；從小的方面來講，影響工作的順利開展。因此，授權必不可少，又千萬要小心。知名國際戰略管理顧問林正大說：「通俗地說，授權就像放風箏，部屬能力弱線就要收一收，部屬能力強線就要放一放。」

很多人都說：「中國的領導者很少會真正地授權：要嘛對誰也不放心，凡事都自己親力親為，弄得全公司只有老闆一個人做事；要嘛由於缺乏制度監督，導致授權不當，結果成了『放任』，導致天下大亂，這就是有心授權，但又不懂得如何授權的下場」！「一放就亂，一收就死」似乎成了中國企業的兩難。

馬雲就是一個很會「放風箏」的人。阿里巴巴的五家分公司，擁有很大的自主權。話說「會授權的主管才會掌權」，授權是大勢所趨，是明智之舉，但是就授權的方式方法確有很大的講究，授權中應該遵循一些基本的原則，從而實現授權的目的。

授權的要點如下：

第一是目標的總體把握，對授權事項要達到的目標、具備條件，影響因素要清楚；

第二是對接受授權方的了解，包括能力與品行，優點與缺點，做到心中有數；

第三是授權跟進，對「執行過程」進行程序控制，隨時進行調整與改進。現代管理中的「程序控制」思想是適用於授權管理的。

> 一個公司在兩種情況下最容易犯錯誤：
> 第一是有太多錢的時候，第二是面對太多機會的時候。

彌補對手的不足後再戰勝它

碰上一個強大的對手，我覺得你應該做的是，不去挑戰它，而是去彌補它。做它做不到的，去服務好它，先求生存再求戰，這是所有商場的基本規律。

「碰到一個強大的對手或者榜樣的時候，你應該做的不是去挑戰它，而是去彌補它。」這是當年馬雲堅持不做和雅虎、新浪等知名網站雷同的資訊網站，而另闢蹊徑做電子商務平台——阿里巴巴，並最終取得成功的原因。

在阿里巴巴的創業史上，因為彌補了對手的不足，而贏來巨大成功的案例，最經典的莫過於淘寶大戰 eBay 易趣。在開戰之初，對於馬雲和阿里巴巴來說，挑戰 eBay 幾乎是一個不可能完成的任務。作為市場的挑戰者，淘寶從一開始就非常清楚，尋求差異化才是自己唯一的出路，要嘛不同，要嘛滅亡。

eBay 在北美市場是靠向賣家收費而受到投資商青睞的，它從一開始就獲利頗豐。於是它將相同的模式搬到了中國市場。而馬雲判斷：「2005年前後的中國C2C市場還不是收費的時候，這時候應該把行業盡可能、盡快地挖大，才是最重要的工作。」於是，馬雲宣佈淘寶免費。面對淘寶咄咄逼人的策略，易趣顯得自信滿滿，不但堅持收費，還對對手的攻勢嗤之以鼻，這就是易趣犯的第一個錯誤，也是最致命的一個。

誘人的免費政策讓淘寶的用戶數在成立之初的幾個月就迅猛增長，這讓市場霸主eBay易趣大為緊張。於是，易趣動用鉅資與三大門戶網站——網易、搜狐、新浪簽署了排他性協定，封殺了淘寶等拍賣網站在上述三家網站做廣告的可能性。鬱悶的淘寶只好開發曲線宣傳道路，將自己的廣告投向了地鐵站、路牌、公交車等眾多非互聯網主流媒體，沒想到，淘寶為此一下竄紅，而此時的易趣仍然耕耘著它那些大型門戶網站的營銷宣傳，在營銷宣傳上的劣勢已經極其明顯。這是它的第二次失誤。

在eBay易趣和淘寶撕咬最為激烈的2004年，淘寶推出了更加實用的全新支付方式「支付寶」，解決網上支付安全問題。面對這個並不是很複雜的技術，易趣再次放棄了立刻的跟進防守，而是冒著極高的風險試圖引進更精密的PayPal支付系統來一步登天，結果因為政策原因一直沒能成功。到2004年底，實在忍不住了的易趣才倉促推出抗衡「支付寶」的「安付通」，但此時，它已損失了足足1年的時間。

和eBay平台的對接並沒有給易趣帶來很多跨國交易的機會，反而牽扯了自己很多精力。更糟糕的是它還帶來了不少問題，調整後的頁面讓很多用戶都很不適應，eBay總部對易趣用戶的帳戶，頻頻莫名其妙的凍結，也讓人異常憤怒，而淘寶憑藉更親和的本土網站定位和「支付寶」的快速普及再次向其發起了總攻，無數易趣用戶投向了淘寶的懷抱。易趣在這一年終於徹底崩潰。

2005年10月，馬雲宣佈：「淘寶網將繼續免費3年」，給易趣丟下了最後一顆震撼彈。不可一世的eBay易趣終於輸掉了這場戰爭。一場本該持續十年的戰鬥，在三年內就煙消雲散了。這就是看準時機，彌補對手的不足所帶來的勝利局面。

【馬雲 生意經】

再回頭看，其實打敗易趣的不僅僅是淘寶，還有易趣自己。每當淘寶出新招進攻時，驕傲的易趣從未在第一時間跟進來消除差異化，反而時不時地主動來點創新擴大了與淘寶的差異，這讓淘寶這個挑戰者的存在變得愈來愈具有市場價值，並最終得到了奪取勝利的機會。

一家全球最大的、正處在巔峰時刻的行業領跑者，在中國市場上已經獲得了90%以上的市佔率，而一家後起的中國公司，僅僅用了兩年時間就奪取了超過70%的市佔率，並迫使前者進行戰略重組。這就是馬雲彌補對手不足的結果。

所謂彌補對手的不足，其本質和「知己知彼，百戰不殆」是一樣的，都是透過了解對方的情況，找到對方的弱點，再結合自己的優勢，從對方的弱點上尋找突破口的一種戰術。

看上去，馬雲是用一種免費戰略撬動了eBay易趣在中國的生存基石。但其實僅僅用「價格割喉」來解釋馬雲的這種瘋狂舉動其實是不夠的，有專家總結：「淘寶完勝 eBay 易趣至少還有兩個方面值得提及：其一，淘寶在技術層面上更加符合中國消費者的習性，功能及服務都更為人性化；其二，eBay 易趣在競爭中的決策遲鈍與應對失誤，直接造成了淘寶的速勝。」

有人說：「企業的競爭在一定程度上不是比賽誰做得更為正確，而是誰的失誤更少。」這點很像武林高手過招。

一個企業可以靠策劃贏得優勢，但一定不是靠策劃而成功。成功的企業一定是靠產品、服務的完整體系。

永遠把別人的批評記在心裡

永遠把別人對你的批評記在心裡，別人的表揚，忘了吧。

企業在成長過程中都要經歷痛苦，阿里巴巴也一樣，面臨著各種各樣的成長中的痛苦。其中一個痛苦來源於「人言」，即外界的讚揚與批評，尤其是媒體。可以說，阿里巴巴和馬雲能取得今天這樣的成就，有媒體的一份功勞。

從1995年創辦中國黃頁時起，馬雲就與媒體結下了不解之緣，誰也說不清媒體給了他多少幫助或者給他找了多少麻煩。但整體說來，馬雲可能是中國網站掌門人中最善於和媒體打交道的人。

在阿里巴巴創業初期，無錢做廣告之時，馬雲正是利用中外媒體的訪談報導來為阿里巴巴公司做免費廣告的。在第一次西湖論劍之前，只有三大網站，三大掌門人的說法，而西湖論劍之後，儘管阿里巴巴的實力與前三名網站的實力仍然相差不少，但五大網站和五大掌門人自然而然被業界和社會接受，這裡面就有媒體的功勞。

而馬雲本人，從中央電視台為他拍《書生馬雲》的專題片，到《富比士》把他送上了封面，到《中國貿易報》的「走近馬雲」的長篇報導；從央視的「對話」，到央視的「經濟半小時」到「年度經濟人物」，至馬雲成為《贏來中國》的評委，……沒有媒體的宣傳，馬雲的名聲可能沒有今天這麼響亮。而阿里巴巴的品牌影響力也無法達到今天這樣的水平。

但馬雲說：「我們中國是一個很奇怪的地方，有時候一家企業成也媒體，敗也媒體。」媒體是幫阿里巴巴創造了影響力，但也給阿里巴巴製造過一些麻煩。富比士風波只是其中一件。

2000年7月，老牌財經雜誌《富比士》把阿里巴巴評為世界最佳10個B2B網站之一，並把馬雲的照片登在了封面。馬雲成了50年來第一個登上《富比士》封面的中國企業家。

但是，北京一家很有影響的青年報，刊登了一篇文章，含沙射影地說阿里巴巴的封面是買來的。文章出來之後，幾家報紙還為此打起了筆仗，一時間，這個事件在傳媒界和IT界鬧得沸沸揚揚。

馬雲更是忿忿不平，對該媒體恨得牙癢癢，巴不得上前去跟人家打上一架。「不是為我自己或阿里巴巴。如果中國人都是這樣看的話，中國的企業到底還有沒有希望？如果是為了馬雲，為了阿里巴巴，這個冤枉我早就吞下去了。但是，如果是為了中國新興的IT產業，我就要去打一架的，阿里巴巴也要去替IT產業打一架，打到底，除非他們給個正確的說法！」憤怒的時候，他甚至說：「大家都說，誰都不敢挑戰媒體。我就是要去挑戰媒體，要去跟他們理論，媒體應該客觀公正，而不是這樣胡亂污蔑別人。」

當然，馬雲心裡清楚做企業必定要面對各種各樣的評論，不論是讚揚還是批評。冷靜下來的時候，他只堅定一件事：「我們要永遠拒絕的一種誘惑就是，如果做網站、做公司是為了投資者去做，為了媒體去做，為了評論家去做，一定會很失望，你只有一個選擇，就是為你的客戶去做，這是唯一正確的。所以，只要客戶不罵我們，誰罵都可以。」

【馬雲 生意經】

當年，阿里巴巴上了《富比士》雜誌，這對商人來說就像是演員拿到奧斯卡金像獎一樣，大家都把它看得很崇高。而馬雲自己拿到雜誌以後，卻是嚇了一跳，意外至極。他說：「人最怕的就是別人把你當英雄的時候，你真把自己當英雄了，因為往往是這種時候，失敗就跟著來了。」

馬雲說他一路創業走來，見過太多飛上天空然後摔下的人了。但是被媒體冤枉又是另一回事。

「因為這件事在外國人聽來是一件不可思議的事情，就像是說你這個奧斯卡金獎是用錢買來。中國可能假的東西太多，真的也是假的，假的也是假的。所以一看到這種東西認為肯定是假的，這是極其可悲的現象。」所以，這件事情著實讓馬雲難受了一段時間。

在那之前，在阿里巴巴的嚴冬時期，也有一些媒體做過負面報導。他們質疑阿里巴巴的模式，批評阿里巴巴不賺錢。在與媒體較勁時，馬雲曾放話說：「自己臉皮很厚，抗擊打能力也很強，才不怕媒體的聯手打壓」。人家罵他，罵阿里巴巴不賺錢。馬雲乾脆就直接承認：「是，阿里巴巴就是不賺錢，你想要把我怎麼樣？」其實，人家也沒轍。

面對輿論，創業者最重要的是知道自己在做什麼。如果某天能把責難與冤枉當成是家常便飯，那你就天下無敵了。

總的說來，馬雲這一路走來，聽到的讚揚比批評多。他向來特立獨行，經過十幾年的創業修煉，已經成長成一個成熟的無懼人言的領導人，被讚揚不會因此驕傲，倒是批評可以讓他反思，所以，他說：「永遠把別人對你的批評記在心裡，別人的表揚，忘了吧。」

等你有實力了再叫板

等你有實力了再叫板。

「叫板」是馬雲跟世界溝通的一種方式。今天的馬雲之所以強調：「等你有實力了再叫板」，是因為馬雲曾經有過實力不足即叫板，最後沒落得好下場的經歷。

馬雲是這樣形容的：「有些公司成長速度非常快，在兩三年內一下衝得那麼高，他們最大的問題在於一個三歲的孩子身體長到一米八，但他的智慧還只有三歲，可他覺得我今天已經是一米八了，我要做些一米八應該做的事情，所以他在這個時候會做出很多愚蠢的事情。」

事情是這樣的：阿里巴巴創辦後不久，為了追求全球化，體現這是一家國際性的公司，馬雲在全世界七個地方創辦了阿里巴巴分公司，總部在香港，研究中心在美國矽谷，在杭州有一個很大的研發基地，在上海、北京有公司，在韓國成立了合資企業，跟日本的軟銀成立了阿里巴巴日本公司，在倫敦設立了歐洲公司。網站發展速度非常快，一時間，有來自全世界197個國家和地區的將近30萬會員。阿里巴巴表面上看，一時風頭無二，但隱患也伴隨其間。

因為膨脹得過快，內底的基礎根本沒有打好，公司裡充斥著各種文化，加上全世界有七個地方有阿里巴巴的員工和辦事處，馬雲不得不飛來飛去，每月光國際長途電話費就是很大一筆開銷。而那時候的阿里巴巴一分錢都沒賺，更糟糕的是，遇上互聯網全線崩潰，形勢非常嚴峻。投資商覺得放錢進去，結果卻不是很滿意。那真是馬雲一個非常艱難的時候。最後，阿里巴巴決定瘦身，並退回中國從長計議。有了這樣一個教訓，馬雲再也不敢沒實力，就亂虛張聲勢。

很多人形容對馬雲的第一印象，就說他愛跟公眾叫板，挑逗大家的視聽，用一個流行辭彙就是「忽悠」。對此，軟銀中國部的薛村禾舉了這樣一個例子來為馬雲辯解：「他在2002年的時候，說我們只要賺一塊錢；過了一些時間以後，他又說每天我們的營業額要一百萬；接著又說，我的利潤要一百萬；最後又說要交稅一百萬。這個其實是一個循序漸進的過程，他不是第一天就說這個話。那麼其實你說他忽悠也好，不忽悠也好，他心裡面都是已經有準備的了，他已經知道自己能夠做到，所以才敢這樣講。很多人挑戰他，很多人不喜歡他，其實都是在幫他的忙做宣傳。事實上，你看今天把這些數字全都攤開來看，大家都無話可說了。是，人家做到了嘛，其實那個時候他已經做到了。」他已經知道他能夠做到了，他有那個實力了，自然就有說「狂言」的資本。

2009年初，馬雲帶領一幫阿里巴巴高管，拜訪了eBay、微軟等一批世界級的公司。危機當道，他們在那裡享受到了異乎尋常的禮遇。馬雲自己也很意外，沒想到那些世界級的巨頭會對阿里巴巴這麼熱情。同時，他也感到，嚴寒中的美國比想像中的更加蕭瑟，似乎失去了往日的激情和夢想，每個人看起來都像是在等待政府的挽救。

對照在美國看到的境況之後，馬雲回來又叫板說：「阿里巴巴運作好的話，5~8年內，有望成為全球最大的互聯網公司。首先無論從戰略決策、資源儲備、人才儲備、資金儲備來說，我們都有我們的優勢。除去這些，至關重要的，我們依舊夢想著，保留了創業以來的理想主義精神。」

馬雲是這樣分析阿里巴巴的優勢的：「員工的平均年齡是27歲，活力四射；中國未來可能有6、7億網友，蛙跳式發展的機遇指日可待。最現實也是最提氣的當然是龐大的資金實力。」馬雲認為阿里巴巴手上還有22億美金的現金儲備，「阿里巴巴的不缺錢，是真的不缺錢。」

【馬雲　生意經】

「有實力，再叫板」，也可以解讀成自信是建立在實力之上，有了實力，才能獲得成功。阿基米德說：「給我一個支點，我能撬起一個地球。」這不是狂妄，這是自信，因為他有實力，因為他手中有知識這根無窮大的槓桿。由此可見，一個自信的人，需要實力做基礎。如果盲目自信的話，結果只能是失敗。

自信是一個人最需要的品質，它來源於生活的點點滴滴。實力卻是靠後天培養的，與自信相輔相成，共同促進。實力是做事情成功的保障，還會衍生出自信心，因為一個人一旦實力到達一定的程度，出手做很多事情胸有成竹，這就是自信。

無論怎樣，只有真正的實力，才能建立起強大的自信，否則自信只能是蒼白而虛假的，是一戳就破的紙老虎；然而當你具備了實力，若缺乏自信，這也會令你能力的發揮有所限制，未必能達到一往無前的境地。一般自信的人，他都會擁有一定的實力，但是很可能因為他的自信而使他超越了自身擁有的能力水平而獲得更大的成功。所以，實力是王牌，但是自信也是不可或缺的底牌。它們都是成功的保障。

沒實力，去叫板，只能落得個貽笑大方的下場，有實力這張王牌護駕，再叫板，獲得成功的同時，至少贏得的是認可。馬雲正是有實力又有自信，才能在互聯網的領域裡叱吒風雲，任他是狂妄還是忽悠，都不影響萬千創業者對他的喜愛。

這個世界不是因為你能做什麼？而是你該做什麼？

我的建議是在40歲以前你能夠學會專注，這個世界不是因為你能做什麼，而是你該做什麼。如果你把所有的精力和資金都放到一個項目的話，我相信你會做得很好。李嘉誠講過，他的多元化經營一定等有一到兩個永遠賺錢時，才進行第三個。

在為《贏在中國》做評委的時候，馬雲對其中一位選手說：「我非常欣賞你的心態，你的智慧，你的勇氣，我的建議是在40歲以前你能夠學會專注，這個世界不是因為你能做什麼，而是你該做什麼。如果你把所有的精力和資金都放到一個項目的話，我相信你會做得很好。李嘉誠講過，他的多元化經營一定等有一到兩個永遠賺錢時，才進行第三個。長江實業是他的旗艦，有了長江實業他才有今天。你一定要有自己的旗艦項目，在40歲之前有自己的旗艦項目。這是我的建議。」馬雲的多元化經營也是以一個項目贏利之後才拉開序幕的。

1999年2月21日，馬雲召集了創業十八羅漢在家中召開創業動員大會。這一年，被馬雲稱為

「無中生有」，經過努力，年底做盤點時，發現阿里巴巴的會員達到8萬。2000年，阿里巴巴繼續大踏步前進，為了吸引更多的目光，他們加緊了海外宣傳，加快了在國內的市場培育。年底，會員增至46萬。2001年，阿里巴巴推出了「誠信通」產品。2001年12月27日上午10點47分18秒，阿里巴巴的會員人數達到100萬。從那一刻起，阿里巴巴成為全球第一個達到100萬名註冊商人的B2B網站。

2002年3月10日，阿里巴巴透過「誠信通」這個產品全面收費，所有加入阿里巴巴的會員必須購買這個每年2000元的產品。並對老會員進行「裁員」。和別的公司裁員不同，阿里巴巴裁的是會員。剔除那些信譽不良者和無力做生意者，阿里巴巴讓自己的會員變成用戶，既減少了免費時代的服務成本開銷，增加了收入，間接的則為自己從在電子商務的資訊流階段賺錢過渡到資金流階段、物流階段賺錢打好了基礎。

「我們寧可讓我們的會員減少2／3，甚至更多，我們也要推廣下去，讓有誠信的商人先富起來。」這一年，馬雲說：「三年來『燒』掉的錢今年一定要賺回來，並要多盈利一塊錢！」

隨後，膜瑚瑚s推出「中國供應商」，這樣，阿里巴巴上的會員分為兩種：一種是中國供應商，一種是誠信通會員。「中國供應商」服務主要面對出口型的企業，依託網上貿易社區，向國際上透過電子商務進行採購的客商，推薦中國的出口供應商，從而幫助出口供應商獲得國際訂單。其服務包括獨立的「中國供應商」帳號和密碼，建立英文網址，讓當時全球220個國家逾42萬家專業買家線上流覽企業。中國供應商的會員費是6～8萬元／年。「誠信通」更多針對的是國內貿易，透過向註冊會員出示第三方對其的評估，以及在阿里巴巴的交易誠信紀錄，幫助「誠信通」會員獲得採購方的信任。誠信通的會員費升至2300元/年。

阿里巴巴進入贏利時代，用馬雲的話形容是：「2002年，阿里巴巴要贏利1元；2003年，要贏利1億人民幣；2004年，每天利潤100萬；而2005年，每天納稅100萬。」總之，阿里巴巴的B2B賺錢了之後，馬雲才開始用在B2B領域賺得的利潤養更多的孩子，像淘寶、支付寶、阿里軟體、阿里媽媽等都是拳頭產品盈利之後，才陸續推出的。Ji51

【馬雲 生意經】

做公司，起先一定是做大做強，而做大做強的方式有兩種：一種是走專業化路線，只做一種，像諾基亞、微軟、甲骨文等，還有一種是多元化路線，比如通用電氣、三星電子、惠普、蘋果、大宇、海爾等。多元化經營是企業同時在多個相關或不相關的領域進行經營的戰略。而這並不是每一家公司都能做到。

中國很多企業都在或多或少地進行著多元化的嘗試，歷史上大多數優秀公司的危機與衰亡都與公司的多元化擴張有關。這樣的結果並不奇怪，因為這些企業在嘗試做大的時候，並沒有把原來的基礎行業做精。

馬雲說：「永遠要做好一個，再做第二個。不要妄想一開始就多元化經營。」

對於這點，阿里巴巴的多元化思路非常清晰。首先堅持B2B經營，在管理、品牌、服務等方面形成自己的核心競爭力，在行業佔據領頭羊位置之後，再逐步從相關行業開始進入新的領域，開始做 C2C，支付寶，企業辦公管理軟體，還有網路廣告交易，幾個產業之間形成相關的電子商務產業鏈。可以看出，阿里巴巴的多元化是以其核心競爭力為基礎來進行多元化發展的。

所以，不論是辦企業還是工作都要求先把眼前的事情做好。事業要成功，首先是要徹底解決眼前的問題。很多人的失敗就在於總是幻想一些所謂的遠大的目標，而對自己眼前的工作和職務看得過於簡單，而沒有集中全部的精力去幹，最後導致發揮失常。其實任何宏偉目標的實現，都是一步一步拾級而上的。只有打好基礎，才有登高的實力。

創業的時候，我的同事可能流過淚，但我沒有，因為流淚是沒有用的。創業者沒有退路，最大的失敗就是放棄。我永遠相信只要永不放棄，我們還是有機會的。

掌控一家公司需要智慧而不是股權

從第一天開始，我就沒想過用控股的方式控制公司。我覺得管理和控制一家公司是靠智慧。

馬雲在成功創辦阿里巴巴之前，有過兩次創業失敗經歷都是因為公司控股問題。第一次，馬雲創辦「中國黃頁」。與杭州電信合併之後，杭州電信控股70%，以馬雲為首的團隊持股30%。由於在股權上的弱勢，馬雲在董事會上提出的任何意見無一通過，馬雲什麼也幹不成，結果只得拆夥。第二次，在北京創辦國富通，馬雲埋頭苦幹，在行業裡取得一定成績之後，因為與上司的經營理念發生分歧，無控股權的他只能選擇退出。

自此，馬雲發誓日後再創辦公司，一定不讓任何一個人、任何一個機構、任何一個投資者來控制這個公司，而讓被控制的人感到難受，他要以科學合理的方法管理公司。於是，創辦阿里巴巴之後，從第一天開始，他就沒想過用控股的方式控制公司，也不想以自己一個人之力去控制別人。

在第一次創業動員大會上，馬雲即強調了自己「不控股，不控制企業」的理念，同時讓所有的創業人員簽了股票證書，也希望這樣做能讓大夥兒更有信心和幹勁。馬雲對大夥說：「這張證書簽回去交給你外婆，然後忘了它。如果你腦子裡老是記著這些東西，老是想上市，想股票，你的事業不會成功，人也不會開心。等三、五年以後，如果我們萬一上市了，你說外婆我交給你的那張東西呢，那時候，你就有成就感了。」

阿里巴巴創立後不久，為了獲得更大的發展，馬雲選擇了融資，軟銀、高盛等5家風險投資公司先後共攜2500萬美元入股，其中軟銀投資2000萬美元，持有阿里巴巴30％的股份。2005年8月，雅虎中國被阿里巴巴收購。雅虎陪嫁10億美元鉅資，持有阿里巴巴40％權益，成為阿里巴巴第一大股東。但阿里巴巴因此獲得了雅虎所有新技術的使用權。有人曾計算：「至阿里巴巴上市，馬雲在上市公司的持股比例不足5％。」

馬雲不僅沒有控股，而且還是一個IT外行，因此在技術上他也沒有控制阿里巴巴。然而阿里巴巴還是連續五次被《富比士》評為「全球最佳B2B網站」，馬雲及其管理團隊的事蹟被寫入哈佛MBA案例。

「第一天我就不想控股，一個CEO，一個公司的『頭』絕對不能用自己的股份來控制這家企業，而是應該用智慧、胸懷、眼光來管理和領導這家企業，最後要取得決定權的不是人，而是領導者所講的理念思想、戰略戰術是不是確實有理。所有人都覺得你說得有理，他們就會跟著你。我不希望我手下的所有同事是奴隸：因為我控制了51％以上的股權，所以你們都得聽我的。這沒有意義。」

【馬雲 生意經】

據了解，作為阿里巴巴的創始人，馬雲在上市公司的持股比例不足5％。有人評價說：「對於馬雲來說，持股多少並不是很關鍵，只要他能控制董事，就永遠是這個公司的核心」。是的，阿里巴巴和馬雲是一體的，很多人甚至不能想像沒有馬雲的阿里巴巴會是什麼樣的？

可以看到許多著名的企業家，他們跟馬雲一樣，在自己公司的控股權都非常低，然而他們的領導力卻是沒有爭議的。有人統計：「比爾．蓋茲，他在微軟的持股約為10％；任正非，他在華為（總部位於深圳，專門生產銷售電信設備的科技公司）持股不到1％；聯想教父柳傳志在聯想集團持股僅0.28％；馬化騰在騰訊持股12％；楊致遠，在雅虎持股不到5％。」他們都是依靠自己的智慧進行管理的典型代表。

馬雲曾解釋自己在阿里巴巴並沒有控股權的問題：「我不想以自己一個人之力去控制別人，這樣其他股東和員工才能更有信心和幹勁。」是的，領導者如果不控股，對於公司，尤其是創業期的公司來說，是一種很好的鼓舞士氣的方式，因為股權、期權是激勵員工的好辦法。

廈門大學工商管理博士後馮鵬程認為：「馬雲將股權分散進行激勵是一個聰明的做法」。他舉了一個例子：「假設創始人掌握公司51％的股權，其餘的股東佔有49％股權，當該公司的利潤是1000萬，那麼總裁的收益是510萬；但是，即使創始人只擁有5％的股權，如果公司有很好的激勵機制，集體的智慧充分得以發揮，該公司收入達到1億利潤時，總裁得到的那一份絕對額仍比510萬多得多。」

在首屆中國MBA領袖年會上，北大縱橫管理諮詢集團首席合夥人王璞也曾表示，他非常看好股權激勵：「如果一個公司民主，優秀的人才都能夠聚在這裡，然而一旦總經理在公司裡佔據控股地位，並有最後決定權，最優秀的人才往往不容易來，因為他們會覺得沒有希望。」馬雲可謂把「股權散，人才聚」演繹得淋漓盡致。

世界上最愚蠢的人，就是自以為聰明的人；同樣，最想自己發財的人，往往也發不了財。要想真正發財，先得將錢看輕，小聰明不如傻堅持。

九、企業家的責任：

永遠不把賺錢作為第一目標

馬雲說：「一個傑出的企業要把社會責任貫穿於工作當中。所以，我們要讓中小企業有更多的後繼者，中國有14億人口，20年以後可能很多人因為各種各樣的原因失業，我希望電子商務幫助更多的人有就業機會，有就業機會社會就穩定，家庭就穩定，事業就發展。而企業家應該影響社會，創造財富，為社會創造價值。商人留給世人的印象就是追逐利潤，而企業家則給人一種使命感。阿里巴巴最重要的原則之一，就是『永遠不把賺錢作為第一目標』。」

歡迎進入網商時代

一個新的互聯網應用人群——「網商」正在取代現在主流的「線民」和「網友」概念，從而使互聯網進入「網商」時代。

「徽商、晉商，十里洋行；天下英雄，唯我網商。」這是首界網商大會上「十大網商」候選人的競選口號之一。因為電子商務和電子支付的實現，網商已經成為一種新興的商業力量。互聯網分析師認為：「電子商務尤其是C2C是互聯網最『草根性』的應用，這個群體1年的網上交易金額就達到數千億元。這表明，一個利用網路創造財富的網商時代已經到來。」

早在2004年，馬雲就曾表示：「中國電子商務產業格局正在發生巨變，一個新的互聯網應用人群——『網商』將取代現在主流的『線民』和『網友』概念，從而使互聯網進入『網商』時代。」

有商人承認說：「自己的生意100%源自網路。」在一部分網商看來，要想透過網路把生意做好並不困難，最重要的是給商品拍個好照片，做個沒有錯別字的文字說明。有經驗的網商總結說：「如果照片看上去像是盜版的，就會直接影響該網店的誠信度，因為網上做生意全憑第一印象，印象不好生意免談。」

也有網商承認自己最初在淘寶網上開店只是為了賣掉庫存，想不到這個後來還可以成為一種職業，年銷售額達數百萬。顯而易見，很多人的命運都因為電子商務發生巨大改變。

楊致遠認為：「電子商務的發展有網商的一部分，也是中國未來經濟發展很重要的一部分，馬雲開始創造阿里巴巴的時候，中國的經濟也才剛剛開始，網上商務和中國經濟的進步幾乎是同時的，只有在中國這樣的環境之內才能產生出這麼多傑出的網商，在歐美已經成熟的市場網商沒有這麼發達，因為很多傳統的公司還沒有完全用互聯網做商務。」

網商時代的另一大收穫，則是中國逐漸構築起的誠信體系。因為想要將網上交易和電子支付進行到底，需要網商的誠信和自律來支撐。如果在交易過程中不守誠信，網友的一個帖子就可以讓人辛苦經營的事業轟然倒塌。馬雲評價說：「今天成功的網商都是誠信的自律的網商，是自強不息的網商，中國的網商不憑關係，只憑知識和智慧開創一片片天地。」

特別是在經濟遇上危機的背景下，中國出口商們紛紛尋找出口轉內銷的出路，因為網購市場的逆風飛揚讓生意人看到了希望。作為國內最大的網路零售平台，淘寶網自2007年的金融危機發生之後，它的發展速度明顯加快，交易額不斷上升。巨大的網路訂單，給廣大中小企業帶來前所未有的商機。很多企業表示：「以前都是找進出口公司做代理商，在國家開放自主出口權後，透過阿里巴巴就可以直接跟客戶談價錢，從而降低交易成本。」

馬雲說：「網商網貨新勢力伴隨著管道革命崛起並壯大。在金融危機的大背景下，阿里巴巴正試圖將『網貨』的巨大潛力挖掘放大為『中國製造』重拾強勁姿態的新引擎。網貨和中國製造一樣，未來10年都將是世界的主流。」

【馬雲 生意經】

隨著互聯網的發展，人們對互聯網的使用性質也發生了改變。經過專家調查：「在2000年前後，中國互聯網用戶的主體上網行為是收發郵件，流覽新聞，搜索資訊，其表現中規中矩，是一群標準的初識網路的『網友』；2001年後，短信、即時通訊、交友、遊戲成為上網者的最愛，形成一個個不同的社區，這是一個上網者開心、網路服務商賺錢的『網友』時期。」而阿里巴巴瞄準的則是一個特殊的群體——網上商人。最初，他們的人數雖然不多，但他們透過網上創造財富的能力卻是驚人的。特別是當世界經濟遇上金融危機的時候，更是使得網商的人數成倍地增長。

馬雲相信：「中國傳統上對電子商務B2B、B2C、C2C的說法會有很大的改變，中國互聯網從廣告市場的爭奪，到短資訊市場的爭奪，到遊戲市場的爭奪，很快就會進入對電子商務市場的爭奪。」據傳，阿里巴巴平均每天的新增會員多達6000名。

「網貨」交易，不僅讓企業把產品銷給淘寶大賣家打開內貿市場，同時，淘寶網1.45億會員（截至2009年上半年資料）的購買行為和資訊也及時反饋到大賣家手中並進一步傳遞到企業，這使得企業的未來將根據市場需求做出相應的調整，而從改寫市場商業規則。

馬雲說：「以消費者為中心，消費者將影響未來。」他堅信 C2B 這種「消費者對企業」的商務模式一定會成為產業升級的未來，他提醒所有的製造業「須高度警惕，以消費者的需求改變產品設計，改變管道推廣方式。柔性化生產，客製化生產將會取代當今的流水線生產方式。」

衛哲認為：「網貨 1.0 時代就是把線下傳統管道的貨放到網上來賣，而網貨的未來——網貨 2.0 時代是消費者按需客製，廠商柔性生產，這才是改變商業文明，創造新的商業文明，顛覆沃爾瑪的時代。事實上，充足的貨源是網貨 1.0 時代的特徵，而在滿足這個量的累積後，網貨也會進入按需客製的 2.0 時代。」

馬雲斷言「十年後的成功企業家一定是八、九十年代的人」。他以自身成功經驗總結道：「經濟危機昭示著經濟結構和商業文明的轉變，它是資本密集型走向知識密集型的強烈信號，以前是靠關係做生意，現在靠誠信做生意，沒有改變，就沒有機會。」

餓死不做遊戲

我們沒有投過一分錢到遊戲當中。我們永不投資遊戲。如果將來有一天阿里巴巴開始做遊戲，可能只會做棋牌類遊戲。

很多網站都投資網路遊戲，特別是看到陳天橋（盛大網路CEO，中國著名富豪）、丁磊（網易公司創辦人，中國著名富豪）及朱駿（第九城市董事長，中國著名富豪）的成功，很多人都想在這個新興行業撈上一把，那是一種可以讓網站在短期內獲得豐厚利潤的投資。而面對這種賺錢方式，馬雲卻表示：「除以休閒為目的的棋類和紙牌遊戲之外，阿里巴巴不會投資任何網路遊戲。」

馬雲進一步解釋道：「不做遊戲這是跟我價值觀有關，阿里巴巴到現在為止沒有投入過一分錢在遊戲上面。因為幾年前，我妹夫跟我說一個事情，改變了我對遊戲的看法。我妹夫一天早上跟我說：『我昨天跟你妹妹玩遊戲玩到早上3點半，你妹妹去上廁所的時候我又偷偷地玩了半個小時』，我被他嚇了一跳，我妹夫是很能幹的一個小企業家，這麼一個成年人並且是一個很精明的人，竟然玩到三點半甚至沒有一點自控能力，想想我們孩子會怎麼樣？我不希望我兒子玩遊戲，如果中國孩子都玩遊戲中國就沒有前途可言了。而且我透過分析發現了在全世界時間最不值錢的國家裡遊戲是最暢銷的。你會發現全世界最先進的遊戲國家是美國、韓國、日本，但是這些國家永遠不鼓勵自己的老百姓玩遊戲，它用來出口。有一天我們的領導人會突然醒過來問：『我們孩子在幹什麼？』在玩遊戲的話，一定要對他進行限制。因為遊戲不能改變中國的現狀。所以我說不做遊戲，餓死也不做遊戲。」

一般做企業的人分三種：「生意人、商人、企業家」。生意人是所有賺錢的生意都做，商人是有所為有所不為，企業家是影響這個社會，創造價值。馬雲說：「阿里巴巴已經過了生意人和商人的階段，對賺錢的興趣並不大，最希望能做些影響這個社會、創造價值的事情。」當然，面對賺錢的機會，他也曾猶豫過，比如短信，這是最賺錢的模式之一。但是，當馬雲進入遊戲的門戶網站，點擊看了一下之後，立刻察覺裡面欺詐的東西太多，根本不適合開發出來害人。在賺錢與創造社會價值之間，他選擇了後者。

而讓他堅持餓死不投資遊戲的原因，還有一個，那就是他是一個少年的父親。他是一個很負責任的家長，是一個有良知的對孩子對家庭很重視的網路工作者。「兒子要玩遊戲，我給他3天時間，讓他和班裡的同學討論，給我3個玩遊戲的好處。結果他和同學得出的結論是『沒好處』」。有一次，馬雲無意間看到孩子打開的電腦，一看他在看日本動漫，而且動漫裡面還含有色情內容，當下，氣得馬雲直呼籲「應當把違規者罰得死去活來」。

馬雲認為：「社會責任一定要融入企業的核心價值體系和商業模式中，才能行得久遠」。換言之，一個企業的產品和服務必須對社會負責。如果賣的產品和提供的服務對社會有害，不管做得再成功也不行。他堅信：「電子商務一定會改變社會，賺錢的遊戲是任何社會玩不膩的健康遊戲，阿里巴巴的產品和服務必須為中小型企業喜歡」。也正因此，馬雲兩年前就公開表態說：「阿里巴巴有再多的錢也不會投資網路遊戲」。在收購雅虎中國後，他更直接砍掉了雖然很賺錢但魚龍混雜、泥沙俱下的短信業務。

「我們沒有投過一分錢到遊戲當中。我們永不投資遊戲。如果將來有一天阿里巴巴開始做遊戲，可能只會投棋牌類遊戲。」這種捨得放棄小金子，旨在創造社會價值的理念，使得馬雲牢牢把握住了互聯網的命脈。

【馬雲　生意經】

網路遊戲的發明，原本是為了給人們增加一種休閒放鬆的方式。但在現實生活中，發展著，卻漸漸失去了本意，因為它成了大批自制力差的青年們發洩自我，尋找快感的地方。而這幫沒有自控能力的青年，藉著網路遊戲補缺了生命中的空白。他們在虛擬的遊戲裡，找到了一個施展自我，創造成就的地方。就這樣，一批又一批的青年沉溺其間，甚至徹底躲進遊戲的世界裡，忘記了現實生活！

中國「幫助青少年戒除網癮第一人」陶宏開教授研究發現：「網遊對於孩子的智力發育是

極其不利的。沉迷於網遊半年以上，智商會有明顯的下降；若是沉迷網遊3年，智商將下降10％，也就是說，智力90的正常孩子玩網遊3年，就會變成弱智。」所以，網路遊戲在中國可謂百害而無一益。網路遊戲對人，尤其是青少年身心健康的危害已引起心理學家和社會學家的關注。

在眾多互聯網大亨藉著網路遊戲發財的時候，唯獨馬雲是清醒理智的。他深知網路無底限，網上大肆宣揚暴力、色情，大力灌輸賭博，用「升級」刺激人類賭博的劣根性並使之發揮到極致，以致成癮不能自拔，害得無數成長中的青少年玩物喪志。更有甚者，因為網路遊戲，導致家庭傾家蕩產，妻離子散，家破人亡。所以，他「餓死也不做遊戲，反對孩子玩遊戲，我不希望我的兒子玩遊戲，我也不想別人的兒子玩遊戲。」

現在的孩子成長在網路時代，父母們在鼓勵孩子們使用電腦的同時，也要培養孩子們使用電腦的良好習慣，防止他們患上網路沉溺症。而身為企業家，如果都能像馬雲那般有社會責任感，不以遊戲產品作為賺錢工具，也算是功德一件。

與人為善遵守諾言

注重自己的名聲，努力工作、與人為善、遵守諾言，這樣對你們的事業非常有幫助。

馬雲自成功創立阿里巴巴以來，很多人都問他：「創業到底是為了什麼？」他也時常問自己這樣一個問題：「這些年以來，最怕失去的是什麼？最得意獲得的又是什麼？別人誇自己今天很有錢，阿里巴巴從1999年的一家公司變成5家公司，從十八個人變成一萬四千多人（2009年資料），從幾個客戶到全世界四千多萬（2009年資料）的中小企業。這些東西到底是不是自己真正想要的？自己最需要的是什麼？什麼東西失去以後是自己會最難過的？」

在2009年阿里巴巴創辦十週年的時候，馬雲終於給自己找到了答案，他總結說：「商道的根本在於誠信的累積」。他之前一切的努力都是為了能夠獲得信任。獲得社會對阿里巴巴的信任，客戶對阿里巴巴的信任，員工對阿里巴巴的信任，股東對阿里巴巴的信任。馬雲覺得這些信任取得非常難，點點滴滴。他也曾跟自己這麼講過：「假如有一天阿里巴巴由於任何原因倒下了，如經營失敗，天災人禍等等，但只有這個品牌有這些信任，我隨時可以拿到錢。因為股東對自己的信任，只要自己還想東山再起，員工還會跟著我馬雲說我們再來過，而我馬雲也相信上千萬的中小創業者和企業家們也會認為只要阿里巴巴再做這麼一個網站，客戶還是會使用，這就是信任的力量，信用的力量。」

很多人問：「信用可不可以變成錢？」馬雲說：「信用不是錢，但是它比錢更珍貴。信用在商業裡面就像愛情在婚姻裡面是一樣的，婚姻沒有愛情是走不久的，但是愛情是不能用錢去買的。」所以，馬雲希望所有開始創業的人，阿里人花了十年時間想清楚的問題，你能從第一天起就知道，要珍惜你的每一個客戶，珍惜每一個加入你的團隊的員工，珍惜所有支持你信任你的股東。因為，只有客戶、員工、股東對你的信任，你才會愈走愈遠，愈走愈快樂。

而馬雲在創業過程中，就一直很注重自己的名聲，他努力工作、與人為善、遵守諾言，堅持以客戶第一，員工第二，股東第三的原則，對對得起客戶對得起員工對得起股東的事。他珍惜自己獲得的信任，也努力爭取還未獲得的信任。可以說，馬雲事業的成功，很大一部分要歸功於他做人的成功。

早在營運阿里巴巴初期，馬雲就給自己制定了兩個鐵的規定：

「第一，永遠不給客戶回扣，誰給回扣一經查出立即開除，否則客戶會對阿里巴巴失去信任；第二，永遠不說競爭對手的壞話，這涉及到一個公司的商業道德。」

說白了，這是注重自己的名聲，與人為善的個人修養問題。馬雲堅持所有在阿里巴巴上網的商業資訊，都必須經過資訊編輯的人工篩選。這個要求從阿里巴巴創業時的18個人開始，一直堅持到現在。

在馬雲的眼裡，互聯網商務世界與現實的商務世界除了工具之外並無不同，而商務交易必須可信。這也是電子商務發展的關鍵。為此，馬雲第一個提出了「在電子商務構建誠信體系」的設想。2002年3月，「誠信通」在阿里巴巴企業電子商務平台全面推行，馬雲說：「要讓誠信的商人先富起來！」

2003年創建個人電子商務平台「淘寶網」之後，馬雲又一脈相承地建設起一個具有創造性的誠信體系。這個體系被命名為「支付寶」。「支付寶」一經推出，即引起業界的高度關注，被譽為「電子商務發展的一個里程碑」，突破了長期困擾中國電子商務發展的誠信、支付、物流三大瓶頸。馬雲就是這樣認認真真地做好每一件事，才迎來了他的成功。

【馬雲 生意經】

有人說：「現代社會是高風險的社會，因為現代社會是建立在高速流動、陌生人之間的信任基礎上。」為了消除時空與地域的不確定性，降低社會交易的成本，現代社會必然要建立起高度發達的系統，依據對系統的信任來克服或避免因不確定因素所導致的不信任現象，從這個理論上來說，系統信任將取代人際信任，成為現代社會的主要信任形式。而不論是傳統的人際信任還是現代的系統信任，背後所涉及到的都是個人的道德修養問題。

馬雲認為：「創業者在記住夢想、承諾、堅持，該做什麼，不該做什麼，做多久以外，還要給自己承諾，給員工承諾，給社會承諾，給股東承諾，永遠讓員工、家人、股東可以睡得著覺，絕對不能做任何偷稅、漏稅甚至危害社會的事情。只有對得起自己的良心，回去面對家人、員工、員工的家人，以及股東的時候，才能永遠是坦蕩的。」

在當今這個商業社會上，公司與公司之間，客戶與客戶之間都需要建立信任。信任是相信而敢於託付的一種表現。取得信任是交往的前提。當兩人能在戰鬥中把後背交給對方，那就是最高的信任。信任有五大圍度：正直、能力、責任、溝通、約束。裡面包含了做人成功的要素。打個比方，在職場中會接觸到很多客戶，而這些客戶對個人而言，都是陌生人，而互相之間又必須在業務上結成買賣關係，那麼如何讓利益關係人順利結親呢？這就要看雙方是如何建立信任了。不管是商業應酬，還是人情來往，信任的價值就在於此。

信任是連接人與人之間關係的紐帶，是一種高尚的情感。身為社會人，我們有責任，有義務去信任另一個人，除非你能證實那個人不值得信任；我們也有權受到另一個人的信任，除非我們已被證實不值得對方信任。信任是相互的。一旦建立了信任關係，對於商業交往成本就會很低，成功的希望就會增大。對於人脈的累積也是很有幫助的。只是信任一個人有時需要許多年的時間。因此，有些人甚至終其一生也沒有真正信任過任何一個人。

馬雲說：「永遠記住這一點，誰對你信任，你要用所有的精力和能力去為他們服務，只有對得起所有信任你的人，你才能走得更遠。」這是遵守諾言的意義。

世界上最沒用的就是抱怨

這世界上最沒用的東西就是抱怨。

今時今日的馬雲，儼然以「創業教父」的姿態風光無限地出現在我們面前，但是，每一個成功人士的背後都交織著辛酸、淚水、委屈甚至痛苦，馬雲也不例外，但他從來沒有抱怨過。

馬雲第一次在互聯網上創立做中國黃頁的的時候，吃過很多苦。最困難的時候，全身上下只有200元。沒有錢給員工發薪資，只能向員工借錢，然後再當薪資發給人家。

除了生活上的拮据，更讓馬雲為難的是當時國人對互聯網還完全沒有概念，政府都還沒有正式操作這個項目，在這樣的情況下，哪裡會有人相信「中國黃頁」的存在呢？為此，人們給馬雲冠上了一個「騙子」的名號。

受了委屈的馬雲從來不抱怨，依然沒有放棄。終於，1995年7月，馬雲等來了印證自己的機會，上海率先開通了互聯網專線。一個月後的一天，馬雲把電視台的記者請到家裡來，從杭州打長途電話到上海連通網路，然後花了三個多小時下載了一個現在只要兩秒鐘就能下載下來的網頁，以證明互聯網的存在。當那個網頁終於出現在電腦螢幕上的時候，在場的所有人情緒都沸騰了。當然，最興奮的莫過於馬雲，他終於證明自己不是騙子。

這些並不是馬雲所遭受的全部挫折。在創業的道路上，馬雲除了遇到誤解還有欺騙。那是在1995年，有幾個來自深圳的人找到馬雲，說願意出資做「中國黃頁」的深圳代理商。這讓馬雲喜出望外，連合同都沒簽，立刻就將中國黃頁的核心模式和機密技術和盤托出，還親自帶了團隊奔赴深圳，幫他們建立網頁。結果發現，那只是一個騙局，在馬雲最困難時期，這簡直就是當頭棒喝，但是馬雲忍了下來。他不但沒有抱怨，還說：「上當不是別人太狡猾，而是自己太貪，給了別人可乘之機。」

最後中國黃頁被杭州電信以合作的名義重組，使得馬雲在裡面無施展才能的機會，最後他只能硬起心腸，轉身離開，並將自己當時擁有的21％的中國黃頁股份送給了一起創業的員工。

創辦阿里巴巴之後，馬雲先後做了B2B和C2C平台。從它們誕生的第一天起，大家都在抱怨說：「在網上交易不安全，這樣的平台肯定行不通。」馬雲回答說：「這世界上最沒用的就是抱怨，孩子生下來抱怨，孩子八個月了還抱怨，那就是廢物。」所以阿里巴巴就創造，推出支付寶來解決這個網上交易不安全的問題。解決了制約交易發展問題，生意自然愈來愈好做。

馬雲創業這十幾年來，碰到過太多失敗與挫折，但馬雲從未為此掉過眼淚，或者抱怨過。他甚至說：「這十年以來，任何的成功與失敗，取得的這些經歷，是我最大的財富，這是我最想要的東西。所以，有時候可能要失敗，我願意做個嘗試，我如果把麻煩一個個解決掉往前走的話，這是我的一種經歷，如果我失敗了，也是一種經歷，創業者要有經歷，人這一輩子不會因為你做過什麼而後悔，很多時候，年紀大的時候，是因為你沒做過什麼而後悔。你從第一天自己在創業的時候就應該知道自己在走的過程中，是一條曲折的路，而曲折的路所經歷過的東西是你最大的財富，走到今天為止，我愈來愈覺得這才是正確的路，這才會讓一個創業者心態永遠平衡。」

【馬雲 生意經】

俗話說：「人生不如意事十常八九」。有人在不如意的時候，只會一味抱怨，怨天尤人，而抱怨其實是最消耗能量的無益舉動。愛抱怨的人，內心常常充滿淒風苦雨，他們只能在原地徘徊，自以為是地咒罵眼前的不幸，殊不知那些「不幸」就是自己造成的。其實，與其在不如意時一味地抱怨，還不如嘗試著去改變自己、改變現狀。懂得改變，並努力去改變的人，總能用智慧發現機會並把握住機會，使得本將是無奈的人生過得精彩而美好。

偉大的成功歸功於不抱怨。比爾・蓋茲在某次主題為「不要抱怨不公平」的演講中也說：「當你抱怨不公平時，是否反省過『我夠努力了嗎？』不勝任的人，經常抱怨世界的不公平，因為機會被別人抓走了。能勝任的人，知道世界是不公平的，但他們不去抱怨，而是透過付出超人的努力，讓自己把握住稍縱即逝的機會。所以，要想成功就得做到『不抱怨』。」

馬雲也認為「世界上最沒用的就是抱怨」，他說：「面對每次打擊，只要你扛過來了，就會變得更堅強。我又想，通常期望值愈高，結果失望愈大，所以我總是想明天肯定更倒楣，一定會有更倒楣的事情發生，那麼明天真的有打擊來了，我就不會害怕了。你除了重重地打擊我，又能怎麼樣？來吧，我能夠扛得住。抗打擊能力強了，真正的信心也就有了。」當我們接納各種狀況，並從中發現其光明面時，就會體驗到愈來愈多不需要抱怨的美好。

讓我們一起記住這麼一句話：「收起抱怨，當你為了一個目標而勇往直前的時候，全世界都會為你讓路！」

很多年輕人是晚上想了千條路，早上起來走原路。中國人的創業，不是因為你有出色的 idea，理想，夢想，想法，而是你願不願意為此付出一切代價，全力以赴地去做它，直到證明它是對的。

知識的力量

網際網路將改變人類生活的方方面面。

網際網路的出現，把一切都打亂了。過去業內對網際網路的看法就如當年對軟體企業的評價一樣，普遍認為：「尖端技術對於網際網路企業毫無價值」，但Google的成功案例使人們猛然發現，實際上在網際網路產業，技術發展是如此重要，憑藉技術的優勢，能夠在行業裡樹立最大的技術壁壘，可以獲得產業最有價值的利益鏈條，技術已經改變了原有的產業鏈條。是技術引領了商業模式。

隨著市場的發展，關於電子商務的資訊也愈來愈多，在很長一段時間內，這種海量資訊是阿里巴巴的優勢。但是發展到一定程度之後，選擇多了也會造成客戶困擾。如何從海量資訊中找到最適合的資訊已成為諸多客戶最迫切的需求。而對馬雲來說，面對B2B阿里巴巴、C2C淘寶以及B2C交易的買賣商家，如何將三種模式有效無縫整合，使資源相互共用、傳遞，最終實現價值最大化？如何讓買賣雙方在三個平台中可以自由升級、轉化、過渡，最終實現一站式服務？都是他煩惱的問題。

經過研究，馬雲認為：「必須藉助於搜索引擎，只有搜索與電子商務的結合是解決這個問題的最好方法。」於是，在2005年8月份，阿里巴巴「閃電地鯨吞了雅虎中國」，馬雲看中了雅虎中國的搜索技術。此後，經過一年多的研究，馬雲對雅虎中國的戰略定位更加清晰，他要將雅虎中國門戶做成一個面向企業、商務和富人的搜索引擎。

馬雲認為：「搜索引擎只是為電子商務服務的一個工具。既然它是一個工具，就必須為阿里巴巴的電子商務服務。」全中國有近14億的人口，真正懂技術的有2000多萬，很多人跟馬雲一樣不懂技術，馬雲想要做的就是把14億不懂技術的人，搞得他們喜歡在網上做生意，雅虎中國就是要讓不懂技術、不懂網路的人都能使用搜索引擎，快速嘗試搜索引擎。「未來的電子商務一定離不開搜索引擎」，這是馬雲的商業邏輯，也是馬雲的商業實踐。

對於阿里巴巴而言，依靠雅虎每年幾十億美元技術開發投入形成的技術實力，創建全球首個有影響力和創收力的專業化搜索已不再是一件遙遠的事情。而這個專業化搜索可以將電子商務所涉及的產品資訊、企業資訊，還有物流、支付有關資訊都串聯起來，逐步形成一種電子商務資訊的標準，進而有力地推進阿里巴巴的電子商務，統領全國的電子商務。而這，本質上都是技術的力量，是知識的力量。

【馬雲 生意經】

這是個知識經濟佔主流的時代，知識是經濟發展的基礎，而技術創新則是知識經濟的源泉與核心，它們正在改變著世界經濟的結構。國際互聯網路的廣泛運用，以及由微電子技術為基礎引發的資訊技術改革，正在帶領世界經濟朝著「網路經濟」的時代靠近。全球經濟模式的改變，在加快傳統經濟的運行速度的同時，也產生了諸如電子貨幣、網路購物和支付、無紙貿易等跨越國界的新型經濟運行方式。

有人說：「知識經濟將改變傳統企業的內涵、競爭行為和管理方式。」決定企業發展的不再是資本，而是知識和技術；透過智力資本實現的資源最佳配置，以及人力資源的開發能力，將成為以經濟為基礎的企業的競爭優勢；創新、服務以及網路型管理將替代傳統的金字塔型管理。

知識經濟時代需要的是複合型人才，知識型勞動力成為最主要的因素。隨著產業結構調整進程的加快，高新技術的競爭使得就業結構發生了巨大的變化，企業希望即便是在生產第一線也能擁有更多知識型操作者，所以，知識型複合人才備受歡迎。

知識經濟對人類發展的影響勢必徹底改變人類未來的命運，改變人類的價值取向以及工作和生活的方式，從而促進社會的全面進步和人類的全面發展。無怪乎，馬雲要高喊，知識經濟的代表之一，互聯網將改變人類生活的方方面面。

企業家應該為社會創造環境

商業必須為社會創造價值，讓消費者得到最大的利益，同時每個人都能自我約束。

「大家都認為中國是不可能做電子商務的，沒有誠信體系，沒有銀行支付體系，沒有網路的建設，頻寬又這麼慢；而且中國人做生意都要講關係和喝酒，所以，怎麼可能在網路上做起生意來？當時，幾乎所有人都這麼講，但我堅信一定會實現網路上的交易。」這是馬雲2008年在深圳網商論壇上的演講，也表明了這些年來他一直致力於創造新的商業環境的決心。

在阿里巴巴投身電子商務之前，市場從來都掌握在大企業手裡，自從有了阿里巴巴之後，它的命運便和成千上萬的中國中小企業聯繫在了一起。阿里巴巴為中小企業的發展創造了新的環境。

馬雲說：「從1999年阿里巴巴成立至今，阿里人主要圍繞中小企業做了三件事：首先是幫他們解決生存問題。前十年，阿里巴巴主要在幫中小企業找訂單，幫他們出口，做內貿，找到發展機會。再來，是幫助中小企業成長。中小企業出生得快，死得也快，如何幫助他們健康成長是阿里巴巴的一塊重要工作。最後，雖然所有銀行都號稱致力於解決中小企業貸款難，可是中小企業卻很少能從銀行貸到款。所以，阿里巴巴一直在做一個引導、分流社會資金流向中小企業的工程，即幫助中小企業解決資金問題。」

「誠信」，在國內線上支付系統不發達、郵政網路滯後、誠信環境缺失，使得安全支付成為電子商務發展的一大瓶頸之時，馬雲帶著阿里巴巴站了出來，在眾人詫異的目光中，扭轉了乾坤，先後於2002年啟動了「誠信通」計畫，2003年發明了支付寶，重新創造了誠信的環境，解決了網路商家之間的信任問題。

除了服務中小企業外，阿里巴巴還致力於倡導新的商業文明，具體說就是網商、網貨、網規。馬雲說：「這是阿里巴巴未來十年的主旋律。」

網商是一個十分特殊的群體，經過馬雲多年的「網商必須注重創新和誠信，有開放和創新精神」的觀念灌輸，在互聯網中成長起來的年輕人都特別注重自己的信用。而網貨則是隨著淘寶網的興起，阿里巴巴人自己提出的一個概念。馬雲說：「網貨的概念來自它的管道」。而管道的優越性讓網貨把暴利還給消費者和製造業，它的本質就是貨真價實。這是一場消費生產模式的革命，它反對暴利，讓市面上的財富以更公平的方式重新劃分。而網規，則是以消費者為導向，它意味著以消費者為核心，一切以消費者是否滿意為衡量標準，這種模式將引導網路零售業的轉型。

在馬雲看來，滿足個性化需求是商業的至高境界，而個性化的需求與現代工業的規模化生產之間，永遠存在矛盾。而透過網路，個性化需求卻得以體現，從而與工業企業的規模化客製實現對接。為此，成規模的個性化生產將會是未來很長一段時間中國製造業的核心。「以前是生產出來再去找客戶，現在是客戶來找我，然後再生產。因此今天的製造業實際上是在拼服務，拼創新。」馬雲認為：「商業必須為社會創造價值，讓消費者得到最大的利益，同時每個人都能自我約束。」

【馬雲　生意經】

馬雲創造了阿里巴巴的神話，阿里巴巴也同樣造就了如今的馬雲。同時，他也並沒有忘記給予他這一切的中國的中小企業。阿里巴巴到今天為止，都在專注於中小企業的生存。由於將自己的命運和中小企業捆綁在了一起，馬雲總是習慣於透過阿里巴巴的交易狀況、以及實地調研去了解經濟形勢。在阿里巴巴總部的大型電子顯示幕幕前，每時每刻，世界各地的網上交易情況、現金流向，一目了然。

據統計，到2009年第一季度為止，阿里巴巴B2B公司在國外擁有800萬、國內擁有3000萬家中小企業用戶。阿里巴巴不僅僅是國內最大的B2B公司，在日本、印度也迅速成為最人的企業電子商務平台。在阿里巴巴集團未來的業務拼圖中，專注於消費者內需的淘寶網於2009年8月20日公佈：截至2009年6月30日，淘寶2009年上半年實現了交易額809億元，逼近去年全年999.5億成交。對比國家統計局公佈的上半年社會消費品零售總額58711億元，淘寶交易佔比1.4%，較去年年底上升了0.4個百分點。相對於傳統交易方式來說，電子商務中的C2C交易本身已經創造了很大的價值。沒有店面，不需要交房租，生意可以無限做大。也因為C2C，社會的商業格局悄悄地發生改變。

史玉柱曾跟馬雲分享過這樣一個故事：「國內有一種酒賣800塊，成本是5塊，300塊是廣告，300塊是管道，還有200塊是門面的裝修。」還有一個生產電視機的總經理跟馬雲抱怨說：「我一台電視機的利潤是10塊錢，哪裡有創新願望，創新、創新，可能一不小心就創沒了。」國內製造業利潤這麼低，其中很大一部分就是被中間環節拿走了。而阿里巴巴的電子商務的出現，正在改變這樣的狀況，這也是企業改變商業環境，企業家為社會創造環境的一種體現。

馬雲認為：「一個企業要承擔社會責任，就應該把這個社會責任貫穿於工作中，而社會責任絕不應當是一個空的概念，也絕不單純局限於慈善、捐款。」

就像有的媒體評價的：「阿里巴巴是中國互聯網企業中的納稅冠軍，其每年納稅額度幾乎是其他前十大互聯網企業的總和，但是阿里巴巴的收入卻絕對不是國內收入最多的互聯網企業。」與此同時，阿里巴巴和淘寶網幫助社會直接或間接地解決了超過10萬個就業機會。馬雲帶領的阿里巴巴為這個社會環境的改變所做出的努力才是其最大價值的所在。

企業家必須要有創新的精神

我才不在乎技術好不好，我馬雲技術要創新，但技術創新是為客戶服務的。今天來看，技術創新不是一夜之間完成的，我做一個旺旺出來看看，是上，沒關係，我慢慢完善。完善以後就成了我「身體」裡的一塊骨頭，儘管不漂亮，但它就是我的骨頭。

阿里巴巴剛推出的時候，大家一致認為這件事情不能成：「因為中國的電子商務缺少了誠信體系、市場體系、支付體系、搜索和軟體，沒有這些怎麼辦？」馬雲說：「那就將它一步步建設起來，創業者等到所有的條件都準備好了再去創業，那成功的人就不會是你了，創業者需要有創新精神。」

最早的一代中國門戶網站都是模仿美式的成熟網站的模式，如易趣模仿的是 eBay，百度模仿的是 Google，這些公司均在那斯達克圈到了可觀的美元，而阿里巴巴的 B2B 可以說是首個原創的中國互聯網企業，是在中國特色環境下依託眾多中小企業而獨立發展起來的。從成立之初，海外業界就將其譽為「和 Google（搜索）、eBay（C2C）、Amazon（B2C）、Yahoo!（門戶）並肩的第五大互聯網模式。」

大家都知道淘寶上的支付寶現在是中國最大的網上支付公司。以前大家都抱怨說：「在網上交易不安全」，所以馬雲就創造，推出支付寶來解決誠信問題。可以說支付寶的出現，使虛擬和嘴上說的誠信落實到了實處，使中國的電子商務網站的誠信度上了一個新的台階，同時也將中國電子商務網站的誠信帶入了一個全新的局面，從此實現了中國的電子商務的進步。

阿里人為建設淘寶的另外一個創新是即時的聊天工具——淘寶旺旺，這個針對網上交易而出現的聊天工具，雖然是模仿，但是是創新的模仿，旺旺的作用，不像 QQ 僅僅是單純的聊天和溝通，它更大的功能是使得網路交易方面有了更好的交流，使中國的即時聊天工具出現了第一次的市場細分化，從而避免了與 QQ 的正面競爭。它在商業模式上，有了更大的突破。從商業角度去考慮的話，它在功能和設計以及使用對象和實際效果上，都符合了網路交易的特點。

而淘寶從最開始的模仿，到打敗 eBay 易趣，贏得網友青睞，成為市場的領導者，也是因為他們在很細節上的創新。就拿頁面的改進來說，以前的淘寶首頁和易趣差不多，在內容佈局以及網站內容架構上，都很相似，但淘寶推出一年多之後，頁面就擺脫了模仿的影子，有了自己全新的風格，他的目的很明顯，就是要做中國 C2C 市場的領導者，就是要朝國際市場進軍。有了更高的戰略和更遠大的理想，使自己的頁面風格朝著國際化進軍，淘寶做到了國內本土化的改進和國際化的結合，而易趣最大的失敗就是從網站出生到失勢，首頁上都沒有太多的變化，說明他們沒有考慮創新和超越自我，難怪要敗給淘寶。

淘寶是在創新當中前進的。它的會員管理制度也是一大特色。管理是採用員工專門負責管理和會員參與的形式，在論壇裡，創新了很多深受會員喜愛的功能，比如簽名，除了展示店主個性，還能進行裝飾，發揮了很好的自家店鋪的宣傳作用，還有，淘寶的店鋪，也做得有特色。淘寶裡的話題引導和活動推廣等，都緊緊地結合論壇的作用，這既發揮了論壇的功能，宣傳了自己的網站，又穩固了會員的關係和忠誠度，再看淘寶當時的對手，易趣的論壇就明顯乏味許多。

近年，淘寶還為會員提供了一個叫做「試衣間」的功能，這可是又一個創新的嘗試，買家們可以透過「試衣間」，將自己要買的商品套在三維人像上進行模擬試穿，也可以搭配商品比較效果，還可以將自身的身材尺寸輸入，查看相應的試穿效果。儘管事先早有準備，但「試衣間」上線後的一週裡，巨大的訪問量還是讓它癱瘓了好幾次。

在阿里巴巴，關於創新的例子不勝枚舉，而阿里巴巴也在一個個創新中，一步步扶搖直上，邁向搭建互聯網帝國的征途。

【馬雲　生意經】

馬雲並不是互聯網領域的先行者，試想，如果當初他創辦阿里巴巴的時候，盲目模仿美式成功網路模式去參與互聯網的競爭，那麼還有今天的阿里巴巴嗎？即便有，馬雲也永遠要做一名追隨者。而馬雲不願意，他選擇了創新，將阿里巴巴的使命定義為「讓天下沒有難做的生意」的電子商務平台，於是我們看到圍繞這個使命展開的誠信通、中國供應商、淘寶、支付寶等眾多產品和服務項目。

使命感讓這個企業處於不停地變化中，擁抱著無限機遇，也讓這個迅速狀大的團隊，保持著無限的創造力和激情。網路的世界瞬息萬變，機遇與危機並存，在這個領域裡生存，擁抱變化和大膽創新都需要巨大的勇氣，阿里巴巴無疑是具有這種勇氣與個性的典型。

《財富》雜誌在評選美國最受推崇的公司時，其標準除了要有良好的管理、產品質量和財務狀況外，更重要的一條是創新精神。他們認為：「創新是一種對新思想、變化、風險乃至失敗都抱持歡迎態度的企業行為方式，這種行為方式必須滲透於整個企業才能發揮作用。」正是由於這種創新，企業才能保持領先地位，新產品才能層出不窮，利潤才會源源不斷地增長。正如威爾許所說：「在目前這個競爭激烈的新經濟時代，一個企業家最差勁的表現就是缺乏創新、不思進取。沒有知識和技術創新，企業只有滅亡。」

企業的最高責任是解決就業問題

人們不能被動地等待就業崗位，企業的最高責任就是解決市場的就業。

中國有十幾億人口，將來很多人可能因為各種各樣的原因失業，馬雲希望：「電子商務能夠幫助更多的人有就業機會，有了就業，家庭就能穩定；事業發展，社會也就能穩定，這也是企業社會責任的一種體現。」

有一次，馬雲去瀋陽看望了一位只雇傭下崗工人的客戶，他的定單都由阿里巴巴來。馬雲回杭州以後，跟同事感慨：「大家千萬不要輕易小看了這個網站，如果阿里巴巴關掉了，中國幾十萬家企業將會跟著一起關掉，那就意味著會有上百萬人的就業機會隨之失去。」從此，阿里人知道自己能影響很多人的生活，編寫的每一條資訊都會影響到許許多多企業和家庭的選擇，所以每個人做事都小心翼翼，加倍謹慎，因為只有認認真真做到手頭上的事情，才能對得起天下那千千萬萬的就業者的寄託與信任。

2009年初，馬雲帶著阿里巴巴13位高層主管訪問了美國多家頂級公司，在總部位於紐約的美國亞洲協會上，馬雲發表了演說，他說：「當下面臨的經濟危機，不過是全球化成長中的一次陣痛，化解危機的關鍵是解決就業。」

馬雲表示：「企業的最高責任就是解決市場的就業。在目前這個商業社會，我們缺的不是錢而是企業家的精神、夢想以及價值觀，企業不能等待政府，經濟學家、政治家來救援，人們也不能被動地等待就業崗位，我們應該自救，而自救的第一步就是以解決就業為最高使命，這樣，經濟的復甦才能指日可待。所以，企業的最高責任就是解決市場的就業，這不僅僅是個口號，更應該融入到企業發展模式中去。」馬雲呼籲所有的企業積極行動起來，把它變成現實。

企業的最高責任就是解決就業，這在經濟蓬勃發展的和平年代說說是很容易，難的是在困難的時期也能夠做到。據了解：「馬雲的淘寶在2008年一年就創造了57萬個直接就業機會。」在淘寶上，開店的多半是大學生，馬雲鼓勵所有的大學生，從一年級開始就學習創業。淘寶剛成立的時候，馬雲們就在跟中國網遊競爭，爭取大學生來創業而不是讓他們去玩遊戲。

2009年，馬雲給淘寶的唯一指標就是「為中國再創造100萬個就業機會」。他說：「對阿里巴巴集團來說，今天再賺5億，10億不是什麼困難。眼下對中國來說最重要的是就業問題，所以淘寶要主動為國家分憂。」

杭州市市委書記王國平一聽馬雲要解決100萬人的就業問題，感到非常的欣喜與震驚，他感慨道：「如果馬雲能實現這個目標的話，我這個市委書記應該讓馬雲來當。因為一個大城市的市委書記、市長如果在任期內能夠解決100萬人的就業，都是一個了不起的成績。」而馬雲自己倒不以為然，還半開玩笑的稱想跟比爾・蓋茲比一比：「看誰在這個世界上可以幫助更多的人？」

【馬雲 生意經】

就業乃民生之本，不光是我國發展市場經濟過程中面臨的一個重大問題，也是一個世界性難題。據非正式統計，中國現在有1000多萬失業人員需要消化，農村有1.5億多餘勞動力需要轉移，每年還有1000萬左右的新生勞動力。所以，即便沒有遇上經濟危機，解決勞動就業問題，也是一個全社會必須關注的焦點問題，是政府部門工作的難點。改革開放以來，由於國家的創造，企業取得了很好的發展環境，企業家壯大了，幫助政府解決就業問題應該是義不容辭的責任。很可惜，並不是每個企業家都有馬雲這樣的覺悟。

當然，隨著時間的過往，愈來愈多的人意識到，就業問題已經不是單純的經濟問題，而是一個嚴肅的社會問題，除了政治家之外，還需要社會各界，特別是有能力的企業與政府一起努力，來緩解此一經濟進化所帶來的就業問題。而在社會發展進程中，全球金融危機所引發的全球經濟大衰退，只是讓失業問題更加突顯出來而已。

馬雲認為：「化解危機的關鍵是解決就業。企業應該主動幫助政府解決就業問題，透過解決就業來幫助救市場，因為只有人們不再為生活憂慮了，才有可能消費、投資；只有消費恢復了，企業的產品才有需求；只有投資恢復了，經濟才會復甦。」那麼，人們不禁要問：「企業家精神對於身處嚴冬時期的全球經濟來說，救市的能量到底有多大呢？」對此，馬雲有自己樂觀的想法，他說：「這個問題很快就會被解決的。因為我從來沒有見過這麼多人，上至政府領導人，下至普通百姓，這麼萬眾一心地共同關注同一件事情。」

2009年初，馬雲帶領著他的13位高管站在了彼時經濟危機的肇發地美國，並在那兒發表了兩場演說，馬雲表示：「阿里巴巴將投資3000萬美金開拓市場，也將招聘更多的人，一部分安排在美國和英國，一部分帶回中國。我們解決就業，只希望能夠幫助中小企業做生意，從而讓他們有能力解決更多的就業。」相信，如果全天下的企業家都像馬雲這般有社會責任感，身體力行地實踐著自己的諾言，那麼全球經濟也不會陷入危機。

第一名的使命

希望未來十年利用電子商務、利用互聯網創造整個世界的商業文明，我們不願再看到欺詐、不誠信，我們更不願意看到不透明的公司、那些以賺錢為主的公司。希望透過互聯網影響這個世界，完善商業世界，這是我們未來的使命。

2009年，阿里巴巴十週年。

在2009年的香港股東大會上，馬雲做了演講。他說：「我時常問自己，作為整個公司的創始人和CEO，我們為了什麼、我們這批人為了什麼、這個公司為什麼存在下去？如果一家公司不賺錢，那家公司是不道德也不負責任的，但，如果一家公司光是為了賺錢而活著，這樣的公司意義也不是很大。」

這麼多年來，阿里巴巴一直在深思，馬雲自己也愈來愈堅信一點：「這世界有很多比阿里巴巴更賺錢的公司，但是能夠為社會創造更多的價值、讓很多的家庭和企業愈來愈成長，能對社會做出這樣貢獻的企業，世界上並不多。阿里巴巴就希望能做一家能夠為社會創造更多價值的公司，希望阿里巴巴的所有產品和服務對無數中小企業以及無數中小企業的家庭有貢獻，同時希望加入阿里巴巴的年輕人，能夠因為阿里巴巴這個平台而得到成長。」阿里巴巴始終認為「自己生存的目的是為了幫助無數的中小企業。」

至2009年為止，阿里人證明了中國能夠發展互聯網，證明了電子商務在中國能夠有市場。阿里人也用十年的時間來證明了自己的價值。那麼，下一個十年，他們又想證明什麼呢？

2004年，有人問馬雲：「阿里巴巴到底會變成什麼樣子呢？」馬雲說：「2009年會有一個整體的概念。」果真，2009年的阿里巴巴有了消費者的淘寶，有了企業的阿里巴巴，有了中間支付的體系，有了為明天打造的阿里軟體，阿里人著手為開餐飲的、做洗腳店和開旅館的等等服務業，籌建了電子商務體系，但是真正的成型估計要看此後的五年。

馬雲相信：「在2014年會看到完全不同的電子商務管道」。如果到2009年，還有誰停留在遊戲和網吧裡面，還在誰在笑話別人做電子商務，那麼，馬雲說2014年，他會讓那些人更加後悔。世界的變化才剛剛開始，以前「讓天下沒有難做的生意」是阿里巴巴內部幾個人的使命，到了2009年，已經變成了1萬4千多阿里人的使命。馬雲說：「我們將會全力以赴支持網商、網貨、網規的建設，未來的十年阿里巴巴的使命是打造新的商業文明，我們要讓那些誠信、開放、分享責任感和全球化的商人取得成功。」

2009年9月10號，在阿里巴巴十週年之際，馬雲正式向全世界宣佈：「我們希望未來十年利用電子商務、利用互聯網創造整個世界的商業文明，我們不願再看到欺詐、不誠信，我們更不願意看到不透明的公司、那些以賺錢為主的公司，希望透過互聯網影響這個世界，完善商業世界，這是我們未來的使命。」

阿里巴巴的成功，在馬雲看來，有著特殊的意味。馬雲說：「阿里巴巴是一家沒有特殊背景的企業。到2009年為止，阿里巴巴沒有欠銀行貸款，哪怕是一分錢，也沒有一些說不清楚的所謂複雜關係，它的快速成長預示著『草根』在中國長成參天大樹已成為現實。將來我們可以自豪地告訴世界，中國已經具備培育一家世界級公司的土壤。同時，我們要給中國的年輕人樹立一個榜樣，沒有有錢的老爸和關係背景，也可以創業並獲得成功。」

【馬雲　生意經】

馬雲在某次演講上，舉了這樣兩個例子來說明使命對於企業發展的重要性。

一百多年前，當愛迪生發明電燈的時候，他的使命是讓全世界亮起來。於是，後來，全公司都在致力於讓電燈泡愈來愈亮，愈亮愈久。當所有人都把心放在讓那根小燈絲變得更強勁的時候，他們就打遍天下無敵手了。

迪士尼公司的使命是讓全世界開心，所以他們開發的任何產品任何服務都是讓人開心的，連拍的電影也都是喜劇，沒有悲劇，哪怕是悲劇它也把它拍成喜劇，他們的員工也開開心心的，因為只有開心的人才能做出開心的事情，他們就是基於這樣一個文化使命驅動，開展了自己的工作，把歡樂帶給全世界。

可以說企業的使命感，是企業經營的原動力，是做事最深層次的目的，給了人們做事的方向與動力。阿里巴巴的使命是「讓天下沒有難做的生意，讓客戶賺錢，幫助他們省錢，幫助他們管理員工。」所以，阿里巴巴公司上至CEO，下至保安，阿姨都基於這樣一個目標共同前進。引導企業往何處去的這種使命感永遠源於高層。有人這樣評價馬雲：「馬雲最成功的地方還在於他是在企業使命、價值觀層面上發揮領導力，而不是簡單地帶領員工去實現目標、利潤。」是的，馬雲很清楚自己要做什麼，而能夠將強大的企業文化成功回饋給每位員工，這是他身為CEO的另一個成功。

成為業界第一後的難題

第二名的可以跟著第一名的，第三名的可以跟著第二名的，以此往前推。當你是第一名的時候，你該往哪個方向走？

無論今天的馬雲頭上有多少光環，他始終是一位企業家；無論阿里巴巴規模有多大，它始終是一個企業。正所謂身在江湖就有江湖的煩惱，馬雲和阿里巴巴也不例外，也有難題需要解決，且今日的阿里巴巴已經是世界上最好的電子商務網站，無跡可循的前方該怎麼走，更是直接擺在阿里巴巴面前的難題。

從縱向上看，阿里巴巴從創業之初就提出了遠大的目標。到2003年的時候，已經是全世界最好的電子商務網站了，成為行業裡的NO.1還來不及讓馬雲欣喜，迷茫就緊跟著來，因為不知道往下該往哪兒走。於是馬雲就找了一位朋友，那位朋友就開導馬雲，給他舉了美國的例子：

「不論你同不同意，美國是世界上最先進的國家，它的政治經濟軍事都是最強大的，那麼美國總統應該把美國帶到哪裡去呢?第二名的可以跟著第一名的，第三名的可以跟著第二名的，以此往前推。當你是第一名的時候，你該往哪個方向走?阿里巴巴在電子商務領域已經是第一名了，到底該往哪個方向走?」

最後，他們得出的結論是:「只能憑藉著使命感走下去。」

豁然開朗的馬雲，因為使命感，又給未來十年的阿里巴巴設立了「利用互聯網創造世界新的商業文明」的目標，而具體要怎麼做，依然要摸著石頭過河。馬雲在位一天，阿里巴巴的走向就一天是他的難題。

從橫向上看，馬雲也要面對行業競爭帶來的重重壓力。此外，電子商務的發展對技術的運用要求愈來愈高，阿里巴巴還要不斷改進、升級整個體系與平台。龐大的阿里巴巴架構所帶來的沉重負擔，馬雲的雙肩可謂責任重大!

中國社會科學院財貿所所長助理荊林波曾撰文指出:「阿里巴巴現在存在對馬雲個人的過度崇拜、股權結構隱患、管理層股權比例過小、組織結構擴大後導致的決策滯後等四大問題，且阿里巴巴的營收風險也在逐漸加大，阿里巴巴的未來將面臨的是更大的挑戰。」

除此之外，人們會不禁猜想離開了馬雲的阿里巴巴，會是什麼樣子?

馬雲何時退休?阿里巴巴是依靠組織在運行，還是由馬雲一個人的力量在推動?

而阿里巴巴在快速發展的過程中，內部也面臨著眾多問題，比如各個分支機構之間如何協調合作?

如何避免最高戰略層被日常事務纏身？

都在做軟體發展，如何共享知識？

都在做市場開發與客戶服務，如何共享客戶資源，避免重複投入？

組織結構不斷擴大，如何避免阿里巴巴的文化被不斷新進人員稀釋？或者說如何不讓它被外來的文化同化掉？

馬雲該如何解決？要知道企業文化隱憂問題如何處理不好，可能會演變成為一個企業最為致命的毒瘤。

一直以來，阿里巴巴都被指說：「加入誠信通的門檻很低，只須將公司的營業執照等資料的影印本傳真過去，由傑勝認證公司認證通過即可。由於這個認證過程不是很嚴格，不少代理公司為了能夠爭取更多用戶，故意放鬆監控。這一定程度上導致有些機構和個人偽造營業執照，透過阿里巴巴的三分地網路進行詐騙。」所以，如何讓網路交易達到百分百的誠信，仍然是阿里巴巴需要解決的難題。

現在，一個熱門關鍵字往往會有幾十頁的搜索結果，排名靠後的企業基本上無點擊率，更不用說獲得商機了。為此，阿里巴巴在誠信通基礎上又增加了500元至1600元的競價費。據說，費用的隱形增加和商機的減少導致愈來愈多的中小企業主開始跳離阿里巴巴。有另一組資料顯示：「阿里巴巴的付費用戶2006年增長率為44.5%，2007年下滑至39%，2008年甚至降至7.1%。很多『中國供應商』企業也嘗試購買國外搜索引擎的關鍵字廣告，甚至搜索引擎帶來的訂單有超過阿里巴巴平台。」如何處理資訊爆炸，增加企業資訊被流覽的機率，從而促進交易，這又是阿里巴巴的難題。

2008年6月30日，法國巴黎一家法庭裁定eBay應對用戶在其網站出售仿冒的路易威登等名牌產品負責，應向這些企業賠償近4000萬歐元（約合4.3億元人民幣）。法庭同時禁止eBay在其網站上投放一些品牌的化妝品和香水廣告。事情的起因是原告方LVMH集團等說：「eBay既未採取足夠措施阻止仿冒品銷售，也未獲得相關品牌的銷售授權」。馬雲曾放豪言：「淘寶要以趕超eBay為目標。」放眼望去，淘寶上販賣100元一雙的耐吉、200元一個的LV皮包、5元一張的遊戲軟體的現象比比皆是。如此低廉的價格，它們的來路並不難猜。那麼，馬雲該如何解決知識產權這問題呢？

除此之外，淘寶還有其他令馬雲擔憂的地方，比如工商局對網店的註冊與規範、稅務部門對網路銷售納稅的監控、淘寶的競爭優勢——低價導致其品牌在長期發展中處於尷尬境地等等，都是需要馬雲思考的。

還記得在2006年度大會上，馬雲放豪言說：「阿里巴巴與雅虎中國將結合各自產品，打造一條產值以1000億計的上下游產業鏈，為中小企業提供全方位電子商務服務。同時在未來3年內，將阿里巴巴與雅虎中國打造成為營收超過100億元的企業，為社會創造100萬個就業機會。不但阿里巴巴與雅虎中國要實現100億元營收，作為管道夥伴未來也同樣要實現100億元營收。」眾所周知，至2009年，雅虎中國仍然沒有走出自己的困境。

再比如，在第四屆中國網商大會上，馬雲曾宣稱：「阿里巴巴在接下來的3到5年內，將斥資100億用於建設電子商務產業鏈，以改善外部環境。」豪言愈大，人們的期待也就愈大。馬雲肩上的壓力並不輕。

總之，阿里巴巴有多大，難題就有多多，責任就有多重！「馬雲」並不是那麼好當的。

文經書海

01	厚黑學新商經	史晟	定價：169元
02	卓越背後的發現	秦漢唐	定價：220元
03	中國城市性格	牛曉彥	定價：240元
04	猶太人新商經	鄭鴻	定價：200元
05	千年商道	廖曉東	定價：220元
06	另類歷史-教科書隱藏的五千年	秦漢唐	定價：240元
07	新世紀洪門	刁平	定價：280元
08	做個得人疼的女人	趙雅鈞	定價：190元
09	做最好的女人	江芸	定價：190元
10	卡耐基夫人教你作魅力的女人	韓冰	定價：220元
11	投日十大巨奸大結局	化夷	定價：240元
12	民國十大地方王大結局	化夷	定價：260元
13	才華洋溢的昏君	夏春芬	定價：180元
14	做人還是厚道點	鄭鴻	定價：240元
15	泡茶品三國	秦漢唐	定價：240元
16	生命中一定要嘗試的43件事	鄭鴻	定價：240元
17	中國古代經典寓言故事	秦漢唐	定價：200元
18	直銷寓言	鄭鴻	定價：200元
19	直銷致富	鄭鴻	定價：230元
20	金融巨鱷--索羅斯的投資鬼點子	鄭鴻	定價：200元
21	定位自己一千萬別把自己當個神	鄭正鴻	定價：230元
22	當代經濟大師的三堂課	吳冠華	定價：290元
23	老二的智慧--歷代開國功臣--	劉博	定價：260元
24	人生戒律81	魏龍	定價：220元
25	動物情歌	李世敏	定價：280元
26	歷史上最值得玩味的100句妙語	耿文國	定價：220元
27	正思維PK負思維	趙秀軍	定價：220元
28	從一無所有到最富有	黃欽	定價：200元
29	孔子與弟子的故事	汪林	定價：190元
30	小毛病大改造	石向前	定價：220元
31	100個故事100個哲理	商金龍	定價：220元
32	李嘉誠致富9大忠告	王井豔	定價：220元
33	銷售的智慧	趙秀軍	定價：220 元

34	你值多少錢？	朱彤	定價：220元
35	投資大師華倫巴菲特的智慧	隋曉明	定價：240元
36	電腦鉅子比爾蓋茲的智慧	隋曉明	定價：240元
37	世界十大股神	白亮明	定價：249元
38	智謀--中國歷代智庫全集	耿文國	定價：240元
39	有一種堅持叫自信	魏一龍	定價：200元
40	多大度量成多大事	魏一龍	定價：230元
41	黃埔精神--黃埔精神與現代企業管理	劉志軍	定價：200元
42	理財改變你的一生	喬飛雲	定價：240元
43	低調--有一種境界叫彎曲	石向前	定價：240元
44	如何找份好工作	耿文國	定價：240元
45	李嘉誠50年經商哲學	耿文國	定價：280元
46	破壞感情的45句蠢話	婷婷	定價：240元
47	赤壁之戰	張雲風	定價：299元
48	選擇放下，選擇一份淡定從容	秦漢唐	定價：210元
49	謝謝的力量	陶濤	定價：240元
50	日本人憑什麼	周興旺	定價：280元
51	一句話一輩子一生行	郭達豐	定價：210元
52	匯率戰爭	王暘	定價：280元
53	改變世界的一句話	張建鵬	定價：220元
54	哈佛校訓給大學生的24個啟示	郭亞維	定價：280元
55	台灣十大企業家創富傳奇	王擁軍	定價：280元
56	香港十大企業家創富傳奇	穆志濱柴娜	定價：280元
57	最神奇的經濟學定律	黃曉林黃夢溪	定價：280元
58	最神奇的心理學定律	黃薇	定價：320元
59	18歲前就該讀哈佛人生哲理	王愛民	定價：240元
60	魅力經濟學	強宏	定價：300元
61	世界與中國大趨勢	楊雲鵬	定價：420元
62	看故事學投資	聶小晴	定價：240元
63	精明的浙江人可怕的溫州人	田媛媛	定價：280元
64	賈伯斯的創新課，比爾蓋茲的成功課	朱娜喬麥	定價：380元
65	改變自己影響世界的一句話	楊雲鵬	定價：280元

66	西點軍校36菁英法則	楊雲鵬	定價：320元
67	劍橋倚天屠龍史	新垣平	定價：300元
68	王陽明的人生64個感悟	秦漢唐	定價：240元
69	華人首富李嘉誠致富心路	姜波	定價：270元
70	億萬富豪給子女的一生忠告	洛克菲勒等	定價：280元
71	天下潮商--東方猶太人財富傳奇	王擁軍	定價：280元
72	看懂世界金融	田媛媛	定價：280元
73	那些年我們曾熟悉的情詩情事	秦漢唐	定價：240元
74	簡明美國史	趙智	定價：420元
75	一本書讀懂日本史	王光波	定價：320元
76	比爾・蓋茲全傳：從電腦天才到世界慈善家	常少波	定價：320元
77	賈伯斯給年輕人的21個忠告	常少波	定價：320元
78	不會撒嬌，笨女人	王茜文	定價：280元
79	世界名人名言	黃河長	定價：240元
80	世界零售龍頭：沃爾瑪傳奇	姜文波	定價：300元
81	股市投資必勝客：巴菲特投資智慧	喬飛雲	定價：280元
82	馬雲與阿里巴巴之崛起	秦商書	定價：320元

城市狼族

01	狼噬：強者的生存法則	麥道莫	定價：240元
02	狼魂：狼性的經營法則	麥道莫	定價：260元

世界菁英

01	拿破崙全傳：世界在我的馬背上	艾米爾路德維希	定價：320元
02	曼德拉傳：風雨中的自由鬥士	謝東	定價：350元
03	朴槿惠傳：只要不絕望，就會有希望	吳碩	定價：350元
04	柴契爾夫人傳：英國政壇鐵娘子	穆青	定價：350元
05	梅克爾傳：德國第一位女總理	王強	定價：350元
06	普京傳：還你一個奇蹟般的俄羅斯	謝東	定價：420元
07	制霸：李嘉誠和他的年代	艾伯特	定價：320元

職場生活

01	公司就是我的家	王寶瑩	定價：240元
02	改變一生的156個小習慣	憨氏	定價：230元
03	職場新人教戰手冊	魏一龍	定價：240元
04	面試聖經	RockForward	定價：350元
05	世界頂級CEO的商道智慧	葉光森劉紅強	定價：280元
06	在公司這些事，沒有人會教你	魏成晉	定價：230元
07	上學時不知，畢業後要懂	賈宇	定價：260元
08	在公司這樣做討人喜歡	大川修一	定價：250元
09	一流人絕不做二流事	陳宏威	定價：260元
10	聰明女孩的職場聖經	李娜	定價：220元
11	像貓一樣生活，像狗一樣工作	任悅	定價：320元
12	小業務創大財富—直銷致富	鄭鴻	定價：240元
13	跑業務的第一本SalesKey	趙建國	定價：240元
14	直銷寓言--激勵自己再次奮發的寓言故事	鄭鴻	定價：240元
15	日本經營之神松下幸之助的經營智慧	大川修一	定價：220元
16	世界推銷大師實戰實錄	大川修一	定價：240元
17	上班那檔事--職場中的讀心術	劉鵬飛	定價：280元
18	一切成功始於銷售	鄭鴻	定價：240元
19	職來職往--如何找份好工作	耿文國	定價：250元
20	世界上最偉大的推銷員	曼尼斯	定價：240元
21	畢業5年決定你一生的成敗	賈司丁	定價：260元
22	我富有，因為我這麼做	張俊杰	定價：260元
23	搞定自己搞定別人	張家名	定價：260元
24	銷售攻心術	王擁軍	定價：220元
25	給大學生的10項建議：祖克柏創業心得分享	張樂	定價：300元
26	給菁英的24堂心理課	李娜	定價：280元
27	20幾歲定好位；30幾歲有地位	姜文波	定價：280元
28	不怕被拒絕：銷售新人成長雞湯	鄭鴻	定價：280元
29	我富有，因為我這麼做—II	張俊杰	定價：240元

國家圖書館出版品預行編目資料

馬雲與阿里巴巴之崛起 / 秦商書 作
-- 一版. -- 臺北市：廣達文化, 2015.2
面；公分. -- （文經書海：82）
ISBN 978-957-713-565-0(平裝)
1.馬雲 2.企業家 3.企業管理 4.中國

490.992　　103027116

本書為《馬雲生意經》之重新排版

書山有路勤為徑
學海無涯苦作舟

馬雲與阿里巴巴之崛起

作　者：秦商書
叢書別：文經書海 82
出版者：廣達文化事業有限公司

文經閣企畫出版
Quanta Association Cultural Enterprises Co. Ltd
編輯執行總監：秦漢唐

通訊：南港福德郵政 7-49 號
電話：27283588　傳真：27264126

E-mail：siraviko@seed.net.tw
www.quantabooks.com.tw

製　版：卡樂彩色製版印刷有限公司
印　刷：卡樂彩色製版印刷有限公司
裝　訂：秉成裝訂有限公司

代理行銷：創智文化有限公司
23674 新北市土城區忠承路 89 號 6 樓
電話：02-2268-3489　傳真：02-2269-6560

一版一刷：2015 年 2 月
定 價：320 元

書山有路勤為徑
學海無崖苦作舟

文經閣

書山有路勤為徑
學海無崖苦作舟

文經閣